FERRANDI
PARIS

巴黎费朗迪学院

水果宝典

来自巴黎费朗迪学院的食谱与烹饪技巧

法国巴黎费朗迪学院 著　沈 默 译

中国轻工业出版社

图书在版编目（CIP）数据

巴黎费朗迪学院. 水果宝典 / 法国巴黎费朗迪
学院著；沈默译. —北京：中国轻工业出版社，
2025.1

ISBN 978-7-5184-4931-6

Ⅰ.①巴…　Ⅱ.①法…②沈…　Ⅲ.①水果—菜谱
Ⅳ.①TS972.18

中国国家版本馆CIP数据核字（2024）第107164号

责任编辑：方　晓　吴曼曼　　　责任终审：白　洁　　设计制作：锋尚设计
策划编辑：史祖福　方　晓　贺晓琴　　责任校对：朱燕春　　责任监印：张京华

出版发行：中国轻工业出版社（北京鲁谷东街5号，邮编：100040）
印　　刷：鸿博昊天科技有限公司
经　　销：各地新华书店
版　　次：2025年1月第1版第1次印刷　印数：1—3000
开　　本：889×1194　1/16　印张：18.75
字　　数：450千字
书　　号：ISBN 978-7-5184-4931-6　定价：168.00元
邮购电话：010-85119873
发行电话：010-85119832　010-85119912
网　　址：http://www.chlip.com.cn
Email：club@chlip.com.cn
版权所有　侵权必究
如发现图书残缺请与我社邮购联系调换
210425S1X101ZYW

水果宝典

前言

一百多年来，**巴黎费朗迪学院**致力于提供各类厨艺培训。学院关于烹饪和糕点的专业书籍内容丰富而全面，兼顾口味与美感。部分主题美食宝典已出版，如巧克力、蔬菜。现在，让我们来探索关于水果的烹饪配方。

苹果、梨、草莓、猕猴桃、香蕉、荔枝和树番茄……种种诱人的滋味、形状和香气隐藏在全世界的果园中。自中世纪以来，水果就是快乐的代名词。由水果制成的甜点是盛宴的尾声。水果也常用于制作菜肴，其鲜明的味道令菜品风味更加多元。对料理师和糕点师而言，缤纷多样的水果是他们的灵感源泉！

巴黎费朗迪学院的核心教学理念是将传统技能与创意创新相结合。学院与业界无与伦比的密切关系维系着这种微妙的平衡，这也使学院作为餐饮行业的重要机构存在至今。基于此，本书不仅包含食谱，还包含许多基本技巧和具体建议。为免烦琐，一些常用工具、设备及常见原料在食谱中未一一列出。无论是出于培养业余爱好还是提升专业技能的目的，想要探索这个迷人主题的人都能从本书中获益匪浅。

我非常感谢**巴黎费朗迪学院**的合作者们完成了这项工作，尤其是负责协调的Audrey Janet，以及学校的糕点师Marc Ales（MOF 2000）、Georges Benard和Carlos Cerqueira，他们传授专业知识，将技术与创造力相结合，从而彰显了水果美食的多姿多彩。同时感谢摄影师Rina Lurra提供的精美图片。本书中您即将欣赏到的水果美食便是他们的劳动成果！

Bruno de Monte
巴黎费朗迪学院院长

目录

巴黎费朗迪学院
概述

巴黎费朗迪学院为法国乃至全球培养美食家、酒店管理精英和美食创业者，烹饪、烘焙、团队管理、酒店及餐厅管理与开发等技能是学院学徒制教育的核心。巴黎费朗迪学院被誉为"美食界的哈佛"，但它首先是一所汇集酒店和餐饮业各类专业知识的法国高等学府。无论是历史悠久的位于圣日耳曼区核心位置的巴黎校区，还是波尔多校区、雷恩校区和第戎校区，巴黎费朗迪学院均提供餐饮培训和酒店管理（美食餐饮、餐桌礼仪、面包烘焙、甜品糕点和酒店管理）的专业课程。它是法国唯一一所能够提供从法国职业能力证书（CAP）到专业硕士文凭（bac +6）所有相关课程的院校。学院也提供国际课程。学院的考试通过率达98%，在法国同类院校中首屈一指。

100多年前，巴黎费朗迪学院由巴黎大区工商会创建，它的名字与几代烹饪特色鲜明的主厨和具备创新才能的企业家紧密相连。学院教学立足于基础知识、创新能力、管理和创业技能以及应用实践，在各领域一直名声斐然。

无与伦比的业界关系

融合了美食、管理、艺术、科学、技术和创新的巴黎费朗迪学院是一个探索和交流的空间，汇聚了关注酒店业创新和烹饪创意的业内知名人士。每年，学院会迎来2200名法国本土学徒和学生、来自30多个国家的300名国际学生，以及2000名接受高级培训或职业进修的职业人士，由大约100名具有专业背景的教师授课。

学院的任课老师均在国际知名的公司或机构中任教十年以上，其中一部分人还是法国最佳手工业者奖及烹饪大赛冠军的获得者。

学院与国际顶尖院校合作，如欧洲高等商学院、巴黎高等农艺科学学院、法国时尚艺术与技术高等学院、中国香港理工大学、加拿大魁北克旅游与酒店管理学院、中国澳门旅游大学、美国约翰逊与威尔士大学等，多元的教育合作伙伴关系丰富了教学内容，确保了课程的国际开放性。理论和实践密不可分，**巴黎费朗迪学院**教学水平卓越，同时与烹饪业界主要协会（法国烹饪大师协会、法国手工业行会、欧洲首席料理协会）持续合作，在学院内组织了众多极具价值的竞赛，使学生有机会充分参与官方活动，实践机会众多。作为法国餐饮的传承者，学院是法国旅游部际委员会、法国旅游局战略委员会和卓越旅游培训会议的成员，每年都吸引着来自世界各地的学生。

多元的技能

巴黎费朗迪学院的专业知识，除与专业人士密切合作外，还通过关于烹饪和烘焙的参考书进行宣传推广。这些书籍被翻译成多种语言并已面向专业人士和公众大量出售。这些书籍的成功，令我们想要进一步打开学院大门，更深入地探索具体的专业知识。在体验过巧克力的美味和蔬菜的无限可能之后，水果的季节就到来了。

水果——振奋人心的缤纷香味

无论是本地生长的（苹果、梨、草莓、杏子），还是来自其他地方的（香蕉、菠萝、荔枝），各种形状、颜色和味道的水果总是令人愉悦。本书中，果酱、馅饼和蛋糕等传统制作方法与来自世界各地的灵感相结合：日本麻薯、澳大利亚巴甫洛娃蛋糕和意大利花岗岩蛋糕等食谱为我们展示了水果所带来的无尽风味和质地。在本书中，巴黎费朗迪学院的专业人士探索了水果的更多可能性，以期为您带来更多乐趣。

水果的
基础知识

什么是水果？

不同于"蔬菜"一词，水果首先具有其植物学上的定义：在拉鲁斯出版社出版的《法语词典》中，水果是"胚珠受精后子房发育产生的植物器官，成熟时含有种子"。在这本词典里，水果一词也用于描述"某些植物的可食用部分，通常味道甜美"[1]。

果实由授粉的花朵发育而来，呈现多种不同形态：核果（芒果、樱桃、桃）、浆果（牛油果、蓝莓、葡萄、番茄）、荚果（豌豆、蚕豆、花生）、蒴果、胞果……然而，美味的水果并不总是植物的果实：对于草莓，真正的"果实"是点缀在草莓果肉间的大量小种子。许多蔬菜也是植物的果实：番茄、西葫芦、茄子、南瓜。而有些水果则是蔬菜，例如大黄的叶柄被当作水果食用。我们用蔬菜制作菜肴，用水果制作甜品，但这种区分方法也有例外情况：如甜瓜常用于搭配开胃菜或甜点，而柑橘类水果常用于沙拉或传统菜肴，如柑橘鸭。因此，植物学和美食学的定义并不总是完全一致，在这本关于水果的书中，我们将从烹饪的角度进行阐述。

1　法语"Fruit"一词在植物学中指果实。为便于结合上下文理解，此处翻译为"水果"。——译者注

水果的分类

最常见的水果分类基于水果的外观和质地，并根据其用途进行分组。在本书中，水果分类如下：柑橘类水果（橙子、柠檬、葡萄柚），核果类水果（樱桃、李子、桃子），梨果类水果（苹果、榅桲、梨、葡萄……），浆果类水果（草莓、桑葚、大黄），热带水果（菠萝、芒果、香蕉……），坚果和干果（开心果、榛子、蔓越莓干、无花果干……）。我们也可以根据水果的成分进行分类：特别是水分较多的水果（葡萄、桃子、甜瓜、梨……）、富含淀粉的水果（栗子、香蕉、椰枣……）、富含脂质的水果（椰子、杏仁）和含有大量果胶的水果（木瓜、柑橘类水果、草莓……）。另外，有的水果可以被同时纳入几类：如猕猴桃被归类为一种梨，但从植物学的角度来看，它是一种浆果，而且在猕猴桃被大量引入法国之前，在很长一段时间里，它都被视为热带水果。

水果栽培

在栽培水果时，选择有机农业模式还是传统农业模式？从长远的角度看，集约型和粗放型农业哪一种更好？水果应在温室种植还是露天种植？种植水果的方法有很多，关于如何令地球得以存续的争论也有很多。

对于料理师和糕点师来说，应当考虑一些基本原则。

•**时令**：无需辅助加热或人工催熟，在恰当的时令采摘水果，能保证水果的风味。

•**新鲜**：当地种植的水果无需长途运输，因此更容易保存，热带水果则不易贮存。

•**味道**：水果的品类决定了水果的味道，在应季水果成熟时采摘，会使其更加可口。

•**尽量使用整个水果**：为了充分利用果皮、果核和其他部分，请优先选择有机农业模式下生产的水果，并仔细清洗。

水果选购

新鲜采摘的水果是绝佳之选！水果应没有污损、色泽良好，硬度适中；有的品种需要在室温成熟（见下文），必须注意观察，以便在最佳时间食用。

水果新鲜并不总是等同于光鲜亮丽：如李子和葡萄上像是覆盖着一层薄膜——果霜，这意味着它们被采摘不久。带壳的坚果保存时间更长，外壳能令坚果延迟酸败。杏仁、榛子和其他坚果常被制成坚果粉、果仁碎或坚果棒，建议选购真空包装的此类产品，并注意查看生产日期。

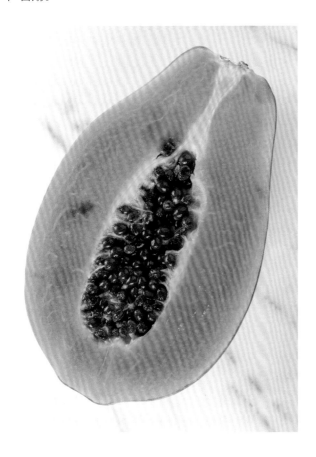

水果制备

水果是生鲜产品，在进行水果制备前必须进行清洗和干燥，不要长时间浸泡水果，以防止维生素流失以及水果吸收大量水分。去皮和切块后的水果必须放在冰箱里保存并尽快食用，以避免水果氧化。

注意： 许多水果（苹果、香蕉、梨、桃、杏等）切开后会很快变黑。为防止这种自然氧化，建议在加工的最后一步做好准备：为切块水果浇上柠檬汁（也可以是

醋或另一种柑橘类水果的汁，可视食谱而定）或将它们浸泡在糖浆中。

将水果切成相同大小的块（参见第51页切分方法中的相关内容）可以使其在烹饪时受热更均匀。但增加切块数量也会扩大水果在空气中的曝露面积，导致更多维生素和矿物质流失。

水果烹饪

绝大多数水果是生熟皆可食用的。然而，有的水果质地坚硬（如榅桲），只能熟食。对于桃、杏、苹果和梨而言，其中部分品种由于风味独特或质地较硬，适宜进行烹饪并以罐头或果脯的方式保存。**长时间的烹饪往往会降低水果的营养价值，从而损失部分维生素。**为保持水果的风味和营养价值，建议缩短烹饪时间。水果可进行煮、烤、炖或糖渍。本书详细介绍各类烹饪技巧（参见第73页的烹饪方法）。

避免浪费

尊重食材，尽可能完整地使用水果，避免浪费。通常，我们习惯只享用水果的某一部分，但在制备过程中，我们也可以有效利用其他部分。

• **苹果和梨：**果核和果皮可以制成适宜装饰水果挞的果冻。

• **杏：**从杏核中可以取出微苦的杏仁。请注意适量食用。因为杏仁中含有少量的苦杏仁苷，它在人体内可生成氢氰酸，是一种剧毒氰化物。不过如果给一个成年人下毒，在一个小时内，他至少要吃掉三十颗杏仁。欧洲食品安全局建议成人单次食用杏仁不超过3颗，而儿童则不要超过半颗。不过，您可以将少许杏仁放入杏子果酱或果泥中，也可以在杏仁饼干（或杏仁费南雪蛋糕）中加入少许。将少许杏仁放入奶油中，可制成带有轻微苦杏仁味的意大利奶油布丁或冰激凌。

• **草莓：**它带有叶冠的绿色花梗总被弃置一边。这实在是太可惜了！将有机草莓的梗放在冷水中，浸泡一整天后过滤，可以制成味道清新的草莓水。

• **芒果：**芒果的果核上总是附着一点香甜的果肉。

将芒果果核放入热的液体奶油中，可用其制作略带芒果香的鲜奶油或意式奶油布丁。

· **菠萝**：洗净的菠萝（必须是有机菠萝）可用于制作调味糖浆（将100克糖、250毫升水和菠萝皮混合，煮10分钟，将菠萝皮过滤后冷藏保存）。

· **柑橘类水果**：果皮可以制成果脯、果干，甚至可以制成调味粉。

表面破损或外观不够诱人的水果可以制成蜜饯、在烤箱中烘烤成果干，或用于制作果酱和慕斯。最后，除柑橘外，所有水果的余料都可以用于堆肥。

新鲜水果保存

在采摘后，鲜美的水果依然在发生着变化。环境温度对水果的保存有很大影响。并非所有水果都同样不易贮存：苹果和柑橘类水果可以在室温环境下存放很长时间，而莓果类水果则需要放入冰箱冷藏。

跃变型水果和非跃变型水果

有的水果可以在未完全成熟时采摘，并在室温环境下继续成熟。这些水果被称为"跃变型水果"：杏、牛油果、香蕉、木瓜、无花果、百香果、番石榴、柿子、猕猴桃、芒果、桃和油桃、苹果、梨、李子和番茄。乙烯是一种自然释放的气体，无色无味。但在成熟时必须采摘的水果（非跃变型水果）对乙烯很敏感（如柑橘类水果、红色浆果）。乙烯会使这些水果加速成熟并减少保存时间。结论：不要把香蕉、苹果和橙子混放在果篮里，否则很快就会发现橙子变软甚至发霉了！将不同类型的水果分开放置，可以延长非跃变型水果的保存时间。这种特性也可以用于催熟：将牛油果和香蕉（或苹果）放入牛皮纸袋中，可以让牛油果更快成熟。

一旦熟透（即用手指按下变软并散发出明显的香味），水果应冷藏保存并尽快食用。如果您想充分享受水果的香甜，请提前一小时将它们从冰箱中取出。水果切开后会氧化（变黑）并流失维生素，洒上柠檬汁可以防止水果氧化，水果在密闭容器中可冷藏保存24小时。

建议将坚果和干果存放在密闭容器中，放置在阴凉、干燥和避光的地方，例如橱柜。开封后的杏仁粉和榛子粉适宜冷藏保存，以减缓酸败。

水果的长期贮存

冷藏会延缓水果的成熟，不过几个世纪以来，为全年享受水果的风味，人们已经研究出许多其他方法。

其中最常用的有以下几种方法。

· **脱水保存**：已有5000多年的历史，是迄今为止最古老的水果保鲜技术。最常见的果干是葡萄干、无花果干、杏脯和椰枣干。水果可以在烘箱、室内或在脱水机中干燥。之后，可以将果干在水或其他液体中浸泡后再使用，或者根据需要将果干直接加入制备物中。

· **糖渍保存**：这也是一种历史悠久的保存方法，用于制备果酱、果脯和糖浆。

· **密封加热灭菌法，也称为罐装保存**：指将水果制成果酱或浸泡在糖浆中，并置于高温（110~120℃）环境中杀菌，这会导致颜色、味道和某些营养成分的损失。制作水果糖浆前，必须将水果沥干。

· **冷冻（-18℃）保存**：可能会导致水果变为褐色。为避免这种情况，可以将水果预处理，即在速冻前将水果（杏子、桃子）在沸水中短暂预煮（焯水）。也可先加入糖或柠檬汁以减缓褐变，然后再预煮水果。注意：这种预处理会改变水果的质地，使其变软并流出果汁。

法国本地水果时令表

1月	2月	3月	4月	5月	6月
阿萨伊浆果	阿萨伊浆果	菠萝	菠萝	菠萝	杏仁
香蕉	菠萝	香蕉	杨桃	杨桃	黏核油桃
佛手柑	香蕉	杨桃	柠檬	樱桃	杨桃
杨桃	佛手柑	柠檬	箭叶橙	柠檬	樱桃
栗子	花生	箭叶橙	百香果	草莓	柠檬
柠檬	杨桃	椰枣	酸橙（青柠檬）	百香果	椰枣
克里曼丁红橘	柠檬	百香果	芒果	酸橙（青柠檬）	草莓
椰枣	克里曼丁红橘	番石榴	椰子	山竹	树莓
仙人掌果	椰枣	猕猴桃	木瓜	芒果	百香果
百香果	百香果	酸橙（青柠檬）		椰子	醋栗
番石榴	番石榴	佛手柑		木瓜	鹅莓
柿子	猕猴桃	芒果		开心果	酸橙（青柠檬）
猕猴桃	酸橙（青柠檬）	椰子		大黄	山竹
金橘	佛手柑	橙子			芒果
酸橙（青柠檬）	橘子	木瓜			哈密瓜
荔枝	椰子	梨			蓝莓
佛手柑	橙子	苹果			椰子
橘子	木瓜				木瓜
核桃	松子				梨
椰子	梨				大黄
橙子	柚子				
血橙	苹果				
葡萄柚					
木瓜					
梨					
柚子					
苹果					
树番茄					

7月	8月	9月	10月	11月	12月
杏	杏	蔓越莓	牛油果	阿萨伊浆果	阿萨伊浆果
蔓越莓	杏仁	杏仁	杨桃	牛油果	牛油果
杏仁	牛油果	牛油果	枸橼	杨桃	香蕉
牛油果	香蕉	香蕉	栗子	枸橼	杨桃
香蕉	粘核油桃	杨桃	柠檬	栗子	栗子
粘核油桃	花生	枸橼	手指柠檬	柠檬	柠檬
杨桃	杨桃	柠檬	榅桲	手指柠檬	手指柠檬
黑加仑	黑加仑	榅桲	椰枣	榅桲	克里曼丁红橘
樱桃	柠檬	无花果	无花果	椰枣	榅桲
柠檬	草莓	草莓	百香果	仙人掌果	椰枣
草莓	野草莓	树莓	火龙果	百香果	仙人掌果
树莓	树莓	百香果	石榴	火龙果	百香果
百香果	百香果	火龙果	柿子	石榴	火龙果
醋栗	醋栗	酸橙（青柠檬）	酸橙（青柠檬）	柿子	石榴
鹅莓	鹅莓	山竹	山竹	金橘	柿子
酸橙（青柠檬）	酸橙（青柠檬）	栗子	栗子	酸橙（青柠檬）	金橘
山竹	山竹	哈密瓜	榛子	荔枝	酸橙（青柠檬）
芒果	芒果	黄香李	核桃	佛手柑	荔枝
哈密瓜	哈密瓜	桑葚	椰子	栗子	佛手柑
蓝莓	黄香李	蓝莓	木瓜	欧楂	橘子
离核油桃	桑葚	椰子	灯笼果	橙子	欧楂
椰子	蓝莓	木瓜	梨	血橙	椰子
木瓜	离核油桃	西瓜	苹果	葡萄柚	橙子
西瓜	榛子	灯笼果	紫李子	木瓜	血橙
桃子	椰子	梨	红毛丹	梨	葡萄柚
开心果	木瓜	苹果	香橙（日本柚子）	苹果	木瓜
梨	西瓜	李子		红毛丹	梨
葡萄柚	桃子	紫李子		树番茄	苹果
苹果	灯笼果	葡萄		香橙（日本柚子）	李子
李子	松子	红毛丹			红毛丹
大黄	开心果	青梅李			树番茄
	梨	香橙（日本柚子）			香橙（日本柚子）
	葡萄柚				
	苹果				
	李子				
	紫李子				
	葡萄				
	青梅李				
	大黄				

工具

手动工具

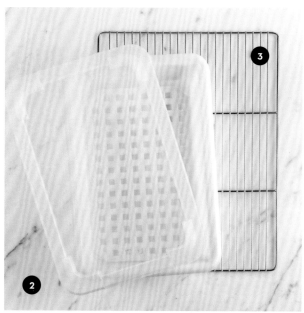

1 圆形和方形模具

2 沥水保鲜盒

3 烤架

4 活塞漏斗

5 软硅胶模具

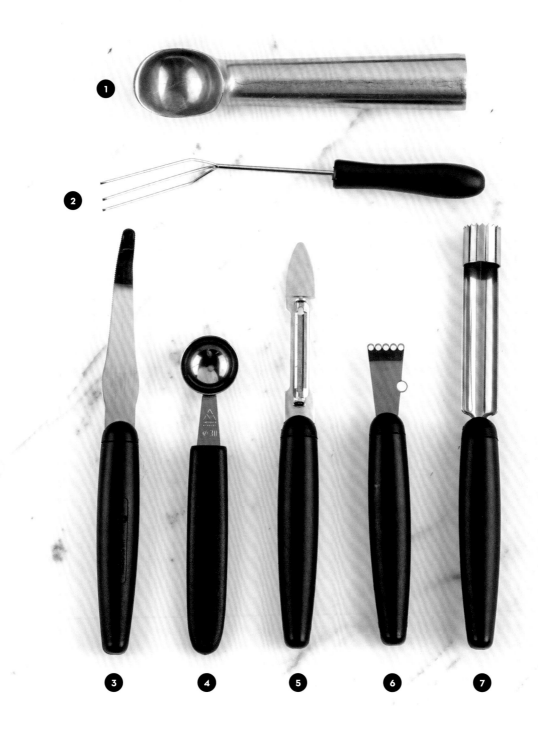

1 冰激凌勺

2 巧克力浸叉

3 葡萄柚刀

4 挖球器

5 削皮器

6 刨丝器

7 去核器

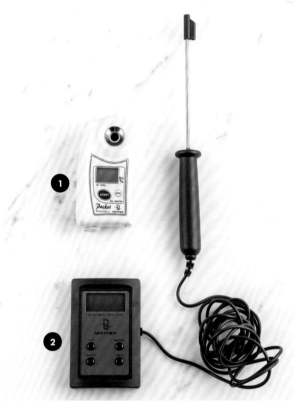

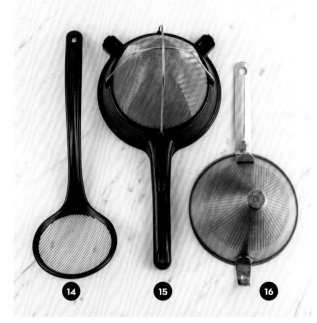

1 折光仪	**5** 迷你擦丝器	**9** 三角抹刀	**13** 打蛋器
2 电子探头温度计	**6** 锯齿刀	**10** 弯柄抹刀	**14** 漏勺
3 小弯刀	**7** 切片刀	**11** 硅胶刮刀	**15** 纱网过滤器
4 小刀	**8** 抹刀	**12** 玻璃纤维刮刀	**16** 锥形过滤器

厨用电器

1 均质机

2 含搅拌器（A）、打蛋器（B）、和面钩（C）的料理机

3 搅拌机

基本技巧

预加工

菠萝削皮

这种方法能够去掉"菠萝眼"（指菠萝果皮下深色的内刺）并最大限度保留菠萝果肉。

原料　　**工具**
菠萝　　　小刀
　　　　　切片刀
　　　　　剪刀

1　用剪刀剪下菠萝冠状叶底部的小叶片。也可以将菠萝的冠状叶整个剪下。

2　切下菠萝的底部。

3　将菠萝立起，用切片刀沿着菠萝的弧度切下果皮。

4   用小刀剔掉菠萝眼。沿对角线自右向左，自上至下切开。

5   在对角线顶端插入小刀（即最高处的菠萝眼）然后将小刀沿对角线划至菠萝底部。

6   重复以上步骤，自上而下沿对角线划动小刀，剔除菠萝眼。

7   用这种方法处理整个菠萝。

杏仁去皮

用第30～35页的方法为水果（桃、杏、番茄……）或果仁（榛子仁、开心果仁、核桃仁……）去皮，可以保留完整的果肉。

原料
杏仁

制备时间
3分钟

工具
小刀
漏勺
吸水纸

1 将杏仁放入沸水锅中。

2 煮2~3分钟。

3 用漏勺捞出杏仁，放入盛有冷水的碗中。

4 将杏仁从冷水中捞出，放在吸水纸上擦干。

5 用手指剥去杏仁皮。

榛子仁去皮

原料
榛子仁

制备时间
15分钟

工具
烤盘
锡纸
干净的布

1 将榛子仁平铺在衬有锡纸的烤盘上。放入预热至180℃的烤箱中烘烤15分钟。

2　烘烤过程中需取出搅拌一次。在榛子仁皮破裂时，将榛子仁倒在干净的布上。

3　用干净的布包裹住榛子仁，在厨房台面上用力滚动摩擦，使榛子仁与皮分开。

4　这样便能轻松制成去皮榛子仁。

主厨小窍门

榛子很容易烤煳，在烘烤过程中需时刻留意。

桃子去皮

原料　　　　**工具**
桃子　　　　　小刀
　　　　　　　漏勺

制备时间
20秒

1　　用小刀在桃子上划十字切口。

2　　将桃子浸入沸水中煮20秒。

3　　用漏勺捞出桃子，浸入冷水中。

4   用小刀小心地撕下桃子皮。

栗子剥壳

原料
栗子

制备时间
20分钟

工具
小刀
漏勺
硅胶垫

1   将栗子浸泡在水中15分钟，用漏勺捞出。

2   用小刀在每个栗子上划出开口。放在硅胶垫上，在预热至250℃的烤箱中烘烤5分钟。

3   用刀尖为栗子剥壳。注意不要划伤自己。

哈密瓜去瓤

原料
哈密瓜

工具
切片刀
勺子

主厨小窍门

也可以使用制作餐桌装饰的方法来切开哈密瓜

（参见第70页）。

1　切下哈密瓜的两端。

2　用切片刀将哈密瓜一分为二。

3　用勺子将瓜瓤全部挖出。

椰子开壳

原料
椰子

工具
切片刀
过滤器
勺子

1 用手握紧椰子，在椰子的下方放一只大碗。

2 用切片刀的刀背在椰子上敲2~3下，直至椰子裂开。

3 将刀尖伸入开口处，分开椰子壳，并倒出椰汁。

4 过滤椰汁并用勺子取出椰肉。

手工榨果汁

原料　　　**工具**
未经处理的柑橘　纱网过滤器
　　　　　　　小刀
　　　　　　　刮刀

1　将洗净晾干的柑橘在案板上一边按压一边滚动，以便榨汁。

2　将柑橘用小刀切成两半。

3　在纱网过滤器上，一只手用力挤捏柑橘，一只手用叉子按压果肉进行榨汁。同时过滤掉果肉和果核。

4 用刮刀挤压纱网过滤器上的果肉，尽可能压出更多的果汁。

制作果浆

原料　　　　　**工具**
500克树莓　　　纱网过滤器
50克糖　　　　　均质机
100克水　　　　　汤勺
半个柠檬榨汁

1　将树莓洗净。

主厨小窍门

为保留水果的新鲜味道，在它们开始变质前，将它们做成果浆吧。

2　将树莓放在高壁容器中。加入糖、水和柠檬汁。

3　用均质机搅碎。

4　将混合物倒入纱网过滤器中，滤出树莓籽。

5　用勺背按压纱网过滤器上的混合物，挤出更多果汁。

制作雪葩

原料
2克明胶片
（或1克稳定剂）
55克水
95克砂糖
15克柠檬汁
300克树莓

制作时间
20分钟

冷藏时间
12小时

冷冻时间
1小时

工具
纱网过滤器
均质机
折光仪
冰激凌机或雪葩机

1　将明胶片放入冷水中，然后取出沥干。将浸泡过明胶片的水倒入平底锅中，加糖煮沸，以获得糖浆。离火。加入柠檬汁，然后加入浸泡好的明胶，搅拌并冷却。

2　在糖浆彻底变凉前，将其倒在树莓上。

3 用均质机将树莓搅碎，用折光仪测定果浆糖含量，使其糖度在27～30°Bx之间。

4 将果浆用纱网过滤器过滤，在小果汁杯中将果浆冷藏12个小时。

5 将果浆倒在冰激凌机中。

6 参考设备使用说明书，制作雪葩。

制作酒渍樱桃

原料
300克樱桃
（建议使用法国蒙莫朗西樱桃）
130克糖
130克樱桃酒（40%vol）

工具
广口瓶
剪刀

1　将樱桃洗净并晾干，用剪刀剪掉一半樱桃柄（这将使樱桃更具风味）。

2　将樱桃放入广口瓶中，加糖。

3　倒入樱桃酒。

4　将广口瓶密封，倒置数周。酒渍樱桃在通风干燥处可以保存
　　1~2个月。

切分方法

切片

原料　**工具**
柠檬　切片刀

1　用切片刀将水果切成薄厚均匀的片。

主厨小窍门

在进行水果切片时，也可以使用切片器。注意，这种方法
主要适用于质地较硬的水果（苹果、梨、榅桲等）。

2　根据实际用途来确定水果片的厚度。

切丝

原料　　**工具**
苹果　　　切片刀

1　用切片刀将苹果切成约2毫米厚的片。

2　将苹果片叠放在一起，切成2毫米粗的丝。

切丁

这种方法适合制作用于拌制沙拉的大块水果。

原料	**工具**
芒果	切片刀

1   将水果去皮并切成约1厘米厚的片。

2   将水果片并排放置，切成1厘米见方的方块。

制作水果球

原料
哈密瓜

工具
挖球器

用挖球器取出瓜瓤，在果肉上旋转一周，取出水果球。

主厨小窍门

水果球可以用来装饰甜点、制作水果沙拉或水果串。

切芒果

原料　　　**工具**
芒果　　　　小刀
　　　　　　切片刀

1　切掉芒果蒂。

2　用切片刀贴着芒果核切下芒果两侧的果肉。

3　去掉芒果核两侧的果皮。

4　用小刀切下芒果核周围的果肉。

5　沿着芒果核的弧度切下果肉。

6　将半块芒果切成四等份。

7　为每块芒果去皮。

切菠萝（方法1）

首先用28页的方法切掉菠萝皮。

原料　　　　　　**工具**
去皮的菠萝　　　　切片刀
（请参阅第28页菠萝削皮）

1　用切片刀将去皮的菠萝一分为二。

2　将每半块菠萝切为四份。

3　将菠萝去心（即切去菠萝果肉中有点硬的部分）。

4　可以沿菠萝长边切片。

5　也可以沿宽边切片。

切菠萝（方法2）

这种切菠萝的方法更加简易和快捷，但会损失一部分果肉。

原料　　　　**工具**
菠萝　　　　　葡萄柚刀
　　　　　　　切片刀

1　　将菠萝的冠状叶切掉三分之二，然后将整个菠萝切成两半。

2　　将葡萄柚刀插入距离菠萝皮约1厘米处，取出果肉。

3　用同样的方法处理另一半菠萝。

4　将半块菠萝切成两份，去心。

5　用切片刀将菠萝切片。可将菠萝片直接装入菠萝皮中。

切石榴

这种方法能够将石榴籽完整取出。

原料　　**工具**
石榴　　　小刀

1　用小刀在石榴顶部切出环形切口。

2　取下帽子状的顶盖。

3 然后按石榴籽的分区竖直切开果皮。

4 去掉中间的梗。

5 用手将石榴掰开，分成几块。

6 小心取下石榴籽，放入碗中。

制作装饰槽

这种方法能够为切块水果增加美感，适用于成熟的柑橘类水果。

原料
未经处理的橙子

工具
切片刀
刨丝器

1 将橙子的两端切下。

2　用刨丝器纵向刮出装饰凹槽。

3　用切片刀将橙子竖直切成两半取出种子。

4　按需切片。

柑橘皮切丝

原料
未经处理的柑橘

工具
刷子
小刀
切片刀
削皮器

1　用温水和刷子将柑橘洗净。

主厨小窍门

- 取用柑橘皮时，一定要使用未经处理的水果。
- 请注意去掉白皮层（白色的部分），这部分会带来苦味。

2　切掉柑橘的两端。用削皮器取下柑橘皮。

3　用小刀去掉白皮层（白色的部分）。

4　将柑橘皮叠放起来。

5　用切片刀将柑橘皮切成1～2毫米粗的细丝。

新鲜橙子削皮和取果肉

原料
橙子

工具
小刀
切片刀

1 切掉橙子的两端，然后用切片刀沿着橙子的弧度削去果皮，露出果肉。

2 用小刀去掉白皮层（白色的部分）。

3 将刀插入橙瓣之间的薄膜，取出果肉。处理橙子时，在橙子下方放一个碗，以便接住橙汁。

4 用手挤出剩余果肉中的橙汁。

切哈密瓜

这种切分方法令水果更加美观。

原料
哈密瓜

工具
小刀
勺子

1 用小刀在哈密瓜的外皮上轻划，标记一条环线。

2 将刀尖放在这条线上，斜插入哈密瓜的中心。

3 将小刀抽出，再次以一定角度插入，重复多次即可切出锯齿状的造型。

4 将哈密瓜分为两份，用勺子取出瓜瓤。

烹饪方法

烫煮橙子

原料　　　**工具**
橙子　　　　漏勺
　　　　　　烤架

1　将橙子放入装满水的煮锅中。

2　放入一个比煮锅直径略小的烤架。

3　水沸后继续煮5分钟。取出烤架，取出时小心烫伤。

4   用漏勺捞出橙子，放入冰水中冷却。

水煮梨

原料

3个梨
半个柠檬
1000克水
225克树莓
200克糖
1根香草荚

工具

刷子
过滤漏斗
切片刀
钢网
均质机
烘焙纸

制备时间

55分钟

1 将梨洗净去皮并去蒂。

2 把梨放入装有水的大碗中。将半个柠檬榨汁，倒入水中，以防止梨氧化。用刷子刮擦梨肉，以使梨肉充分浸渍。

3 用钢网摩擦梨肉，使其更光滑。

主厨小窍门

为梨抛光这个步骤不是必须的，这个步骤是为了使梨子看起来更规整。

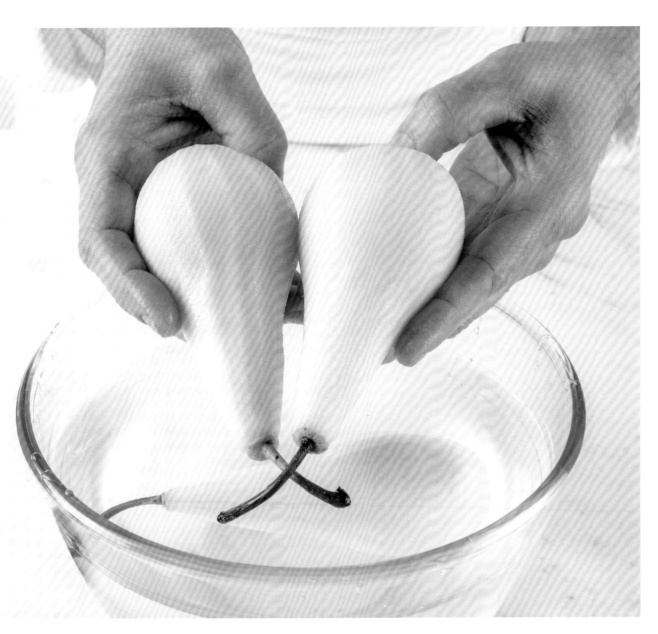

4 制成表面平整的梨。

5　将香草荚分开，用刀刮出香草籽，将香草籽与水、树莓和糖一起放入平底锅中。用均质机搅拌后过筛。

6　将混合物放入平底锅中煮沸。关火，放入梨。

7　用一张中间挖洞的烘焙纸盖住平底锅，将水温控制在80℃，炖煮大约45分钟。

8　静置冷却后将梨捞出，过滤糖浆。

9　将梨装盘，并浇上糖浆。

烤菠萝

原料
1个菠萝
1根香草荚
50克黄油
40克蜂蜜
30克朗姆酒
1个橙子榨汁

制备时间
30分钟

工具
小刀
刷子
铝箔纸
勺子

1　用小刀分开香草荚，刮出香草籽。

2　将黄油切成小块，在平底锅中融化。放入切开的香草荚和香草籽。

3　用朗姆酒和橙汁稀释蜂蜜，然后加入平底锅中稍微加热。

4 准备好一个削皮的菠萝（请参阅第28页菠萝削皮），并用一
张铝箔纸包住菠萝的冠状叶。

烹饪方法

5　用刷子将足量的香草黄油刷在菠萝上。

6　将切成小条的香草荚插入菠萝果肉中，然后淋上朗姆酒混合液。

7　将菠萝放入预热至180℃的烤箱中烘烤30分钟。期间每5分钟用勺子浇一次朗姆酒混合液。

主厨小窍门

务必要将菠萝充分浇汁，这会使菠萝的果肉绵软入味。

糖渍金橘

制作500克糖渍金橘

原料
500克金橘
1000克水
500克糖+760克糖（4×90克+400克）
150克葡萄糖

制作时间
7天

制备时间
15分钟

工具
沥水保鲜盒
漏勺
木扦
温度计

1　将金橘洗净去梗。用木扦在金橘底部扎孔。

2　在锅中倒入水、500克糖和150克葡萄糖，煮沸，制成糖浆。

3　将金橘放入糖浆中，加热至85℃，煮15分钟。

4 将金橘放在沥水保鲜盒中，浇上糖浆。盖上盖子，冷却至室温。

5 第二天，从沥水保鲜盒中取出装有金橘的网格，倒出金橘糖浆。

6 将金橘糖浆倒入平底锅中，加入90克糖，煮沸。当糖浆加热至85℃时，将糖浆倒在沥水保鲜盒中的金橘上。

7 将步骤5和6重复三次（分3天进行）。

8 在第6天，向糖浆中加入200克糖，煮沸，然后将糖浆倒在沥水保鲜盒中的金橘上。第7天，用200克糖最后一次重复这个步骤。

9　在这一阶段，糖渍金橘已制作完成，可以将糖渍金橘浸泡在糖浆中冷藏保存，以维持新鲜的口感，也可以将糖渍金橘单独作为果脯存放。

冰糖栗子

制作300克冰糖栗子

原料
300克在糖浆中浸泡过的栗子
200克糖粉
120克浸泡栗子的糖浆
3克朗姆酒

工具
巧克力浸叉
烤架
硅胶垫
硅胶刮刀

1 将用糖浆浸泡过的栗子置于烤架上约12小时，使栗子沥干。将烤箱预热至210℃。将栗子糖浆倒入容器中，在平底锅中隔水加热，让栗子糖浆变得温热。

2 向糖浆中加入糖粉和朗姆酒，用硅胶刮刀混合搅拌。

3 糖浆混合物应浓稠但可流动。制作过程中可添加一些糖浆以调整质地。

4　将栗子放入预热至210℃的烤箱中烘烤约1分钟。

5　将栗子裹上糖浆。

6　将栗子放在烤架上沥干。再次放入预热至210℃的烤箱中加热约40秒，使糖面凝固（烤盘上栗子的糖面开始呈现珠光质感）。

7　将冰糖栗子分开放置，冷却至室温，单独包装。

炸菠萝圈

原料

1个菠萝
150克面粉
25克糖
7.5克发酵粉
5克糖粉（或香草糖粒）
1根香草荚（取籽）
2克盐
1个鸡蛋
180克牛奶
5克朗姆酒
葡萄籽油

工具

小刀
切片刀
直径7厘米的圆形饼干模具
　（可根据水果的直径选择）
直径3厘米的圆形饼干模具
打蛋器
小筛子
食品夹
温度计
吸油纸

1　用切片刀将菠萝切成1厘米厚的片。用大号圆形模具和小刀将菠萝切成圆形。

2　用小号圆形模具去心。

3　在碗中倒入面粉、糖、发酵粉、香草籽和盐，混合搅拌。在混合物中间位置挖一个洞，打入1个鸡蛋。

4　将三分之二的温牛奶倒入混合物中，用打蛋器混合搅拌。倒入剩余的牛奶和朗姆酒，混合搅拌。

5　在锅中将葡萄籽油加热至175～180℃，用食品夹夹取菠萝片，裹上面糊。

6　将裹上面糊的菠萝片轻轻放入热油中，每面煎2分钟。

7　将炸菠萝圈放在吸油纸上。

8 用小筛子撒上糖粉（或香草糖粒）。

制作苹果泥

制作一罐250毫升的苹果泥

原料
500克苹果
8克黄油
25克糖
1根香草荚
1根桂皮
适量的水

制备时间
35分钟

工具
一个250毫升的碗
小刀
削皮器
烘焙纸

1　将苹果洗净、用削皮器去皮并切成六份，去核。

主厨小窍门

为防止苹果氧化变色，可加入柠檬汁。

2　用小刀将苹果切成约2厘米见方的块。

3　在锅中加热黄油。放入对半切开的香草荚和桂皮。

4　倒入苹果和糖，轻轻搅拌。最后加入少许水。

5　用一张中间有孔的烘焙纸盖住苹果，然后用小火焖30分钟，不时搅拌（如有需要，可加入少许水）。

6　烹饪结束时，取出香草荚和桂皮，冷却。

制作草莓果酱

制作3罐250毫升草莓果酱

原料
500克草莓
400克糖
1根香草荚
2.5克快速凝固果胶
4克酒石酸

静置时间
6～12小时

制备时间
根据温度计的变化情况确定
烹饪时间

工具
3个容量为250毫升的罐子
小刀
漏勺
温度计

1 把罐子在沸水中煮2分钟，倒置冷却至室温。将草莓洗净去蒂，对半切开。

2 分开香草荚，刮下香草籽。将香草荚切成两半。将其余原料加入草莓中。

3 将草莓、香草荚和360克糖混合，搅拌均匀。

4　盖上保鲜膜并挤出空气，在阴凉处放置6～12小时。

5　将混合物倒入平底锅中煮沸，用漏勺撇净表面的泡沫。

6　加入与40克糖混合的果胶，加热至106℃左右。

7　离火后，滴入酒石酸。

8　装满果酱罐，盖上盖子，倒置1小时。在干燥、避光和阴凉处保存。

制作橙子果酱

制作3罐250毫升的橙子果酱

原料
250克橙子
500克橙汁（约6个橙子）
20克柠檬汁
375克糖
2.5克快速凝固果胶

糖浆
100克糖
100克水

制备时间
根据温度计的变化情况确定烹饪时间

工具
3个250毫升的罐子
切片刀
均质机
折光仪
温度计

1 将罐子在沸水中煮2分钟，倒置冷却至室温。用切片刀去掉橙子的两端并切成两半。

2 将橙子切成大小均匀的块。放入冷水中，加热至沸腾，反复4次。每次焯水结束后都将橙子块沥干。

3 在另一个平底锅中倒入100克糖和100克水，制成糖浆，然后加入焯过水的橙子，在80℃的糖水中煮约1小时。

4 再取一个平底锅中，将橙汁、柠檬汁和350克糖煮沸。

5 将橙子块放入平底锅的糖浆中，加入25克糖与果胶的混合物。

6 文火加热至106℃并撇去浮沫。

7 继续在106℃左右烹煮，并用折光仪测定糖度，得到约63°Bx的果酱。

8 用均质机搅匀果酱，装满果酱罐，盖上盖子，倒置1小时，在干燥、避光和阴凉处保存。

制作榅桲果酱

制作3罐250毫升的榅桲果酱

原料
1000克榅桲
1000克糖
4克酒石酸

制备时间
根据温度计的变化情况确定烹饪时间

工具
3个250毫升的罐子
纱网过滤器
削皮器
切片刀
漏勺
均质机
折光仪
纱布袋
温度计
汤勺

1 将罐子在沸水中煮2分钟，倒置冷却至室温。将榅桲洗净并去皮。

主厨小窍门

纱布袋的使用不是必须的，只是为了便于挤压。

2 将榅桲切成四等份，去核，并切成大小相同的块。

3 在平底锅中，放入榅桲块和装有果皮、果核、种子的纱布袋。

4 盖上盖子，加水煮沸后，转小火，煮45分钟至1小时。

5 关火后取出纱布袋，将其沥干并用汤勺挤压。

6 将榅桲块放入纱网过滤器挤压出汁水。

7　加入与榅桲汁等量的糖。

8　加热，熬煮1小时。撇去浮沫。

9　在106～107℃烹煮，并用折光仪测试糖度，制成约70° Bx
　　的果酱。

10　加入酒石酸，混合搅拌后装入果酱罐。盖上盖子，倒置1小
　　时，在干燥、避光和阴凉处保存。

制作芒果酸辣酱

制作1罐300毫升的芒果酸辣酱

原料

225毫升白醋

110克洋葱

8克生姜

2.5克大蒜

225克芒果

75克红糖

150毫升高汤

2克NH果胶

15克葡萄

工具

1个300毫升的罐子

切片刀

1 在平底锅中将白醋煮沸，直至其体积减少四分之一。

主厨小窍门

酸辣酱（chutneys）是一种酸甜味的酱汁，适宜搭配鹅肝酱、炖锅、肉、鱼和奶酪。

2 将洋葱和生姜去皮并切碎（约3毫米大小）。将大蒜去皮并压碎。将芒果去皮并切成边长4毫米的丁。

3　在浓缩醋汁中加入红糖、切碎的洋葱和压碎的大蒜。继续浓
　　缩醋汁，直到几乎变干。

4　加入高汤，开火收汁，煮至汁水量减半。

5　加入芒果丁、生姜、葡萄和果胶。继续炖煮酱汁，加热过程
　　中不时搅拌。

6　待酱汁浓稠后，将芒果酸辣酱放入密封罐中保存。

制作杏子百香果软糖

制作一块20厘米见方的软糖

原料
250克杏子果泥
250克百香果泥
10克黄色果胶
510克糖
100克葡萄糖
8克酒石酸

装饰
砂糖适量

工具
边长20厘米的方形模具
切片刀
折光仪
硅胶垫
温度计

1 在平底锅中加热两种果泥至45℃，加入果胶与50克糖的混合物。

2 煮沸，然后分两次加入葡萄糖和剩余糖的一半，保持沸腾状态。

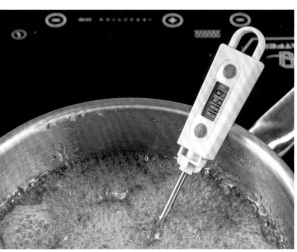

3 约3分钟后，分两次倒入其余的糖，保持沸腾状态。在106~107℃条件下烹煮，并用折光仪测试糖度，制成糖度73~74° Bx的糖浆。

主厨小窍门

水果软糖可以冷冻保存。在冷冻前，不要在水果软糖上撒砂糖，只需撒上淀粉，并将水果软糖放在盘中，盖上保鲜膜。解冻后，先将软糖稍微润湿，然后再进行后续操作。

4　离火，加入酒石酸并搅拌。

5　将硅胶垫铺在砧板上并放上方形模具。向模具中倒入混合物，冷却至室温。

6　冷却后脱模，并在两面撒上砂糖。

7　切出需要大小的糖块，在烤架上晾12小时后进行包装。

制作榛果巧克力酱

制作770克榛果巧克力酱

原料
300克去皮榛子
180克可可含量为40%的牛奶巧克力
40克可可脂
250克糖粉

工具
搅拌机
弯柄抹刀
三角抹刀
硅胶垫
温度计

1　将去皮榛子铺在衬有烘焙纸或硅胶垫的烤盘上，放入预热至140℃的烤箱中加热30分钟。

2　隔水加热巧克力和可可脂。

3　用搅拌机将烤榛子和糖粉分多次搅碎。

4　加入适量水制成质地细腻的糊状物。

5　加入融化的巧克力并搅拌。

6　将混合物倒在大理石板上，铺开，将温度降至26℃。使用弯柄抹刀和三角抹刀将其向中心推聚后，放在碗中备用或在密封罐中保存。

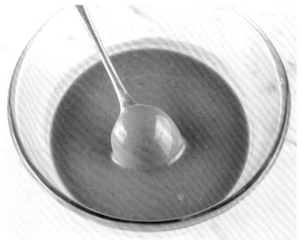

制作榛子杏仁糖

制作275克榛子杏仁糖

工具
搅拌机
硅胶垫
温度计

原料
85克去皮杏仁
85克去皮榛子
100克糖
30克水
1根香草荚
少许海盐

1 将去皮的杏仁和榛子铺在衬有烘焙纸或硅胶垫的烤盘上，放入预热至140℃的烤箱中加热30分钟。

2 在平底锅中，加入糖和水，煮沸后加热2～3分钟。把温热的烤坚果放入糖浆中。

3 搅拌糖浆，直至呈砂状质感。将香草荚分开，取出香草籽，加入锅中。

主厨小窍门

在烤坚果和熬煮焦糖时应注意，不要加热太长时间，焦煳的坚果和糖会使果仁糖变苦。

4　继续加热并搅拌，使糖浆融化，在干果表面裹上一层薄焦糖。

5　倒在铺有硅胶垫的烤盘上，撒上海盐。冷却至室温。

6　在搅拌机碗中，将焦糖干果搅碎并反复搅拌若干次，以免混合物过热。

7　搅拌，制成质地均匀且可流动的糊状物。倒入密封罐，在阴凉干燥处保存。

制作涂抹酱

制作2罐230毫升涂抹酱

原料
275克榛子杏仁糖
（请参阅第116页）
200克榛果巧克力酱
（请参阅第114页）
12.5克可可粉
25克奶粉
12.5克椰子油
35克榛子酱
50克黄色糖膏

工具
2个230毫升的罐子
搅拌机

1　在搅拌机中，放入榛子杏仁糖、榛果巧克力酱、榛子酱、糖膏和椰子油。

2　加入奶粉和可可粉，搅拌均匀，获得质地亮泽的混合物。装罐并在阴凉干燥处保存。

制作栗子酱

制作450克栗子酱

原料
250克去皮的栗子（请参阅第36页）
200克糖
70克水
1根香草荚

工具
可放入锅中的网架
木扦
搅拌机
温度计
保鲜膜

1 在加入少量水的平底锅中放入网架，将去皮的栗子放在上面。

主厨小窍门

• 为使栗子酱颜色更深，可将栗子压碎，放入糖浆后小火炖煮约15分钟。

• 栗子将会充分吸收糖，之后放入搅拌机，会得到质感细腻绵密的栗子酱。

• 如果栗子酱太硬，可以调整糖的比例，如一半使用糖浆，另一半使用糖和水的混合物。

2 盖上保鲜膜，蒸约30分钟。用木扦轻戳栗子，以检查是否成熟。

3 在另一个平底锅中，将糖和水煮沸，制成糖浆。加入香草荚，保持糖浆温度在112℃。

4 将栗子放入搅拌机搅碎。

5 向搅拌机中倒入热糖浆并搅拌，获得质感细腻的栗子酱。

6 可以过筛，使栗子酱更加细腻。

制作水果干

原料

未经处理的柠檬
椰子
1升椰汁
200克砂糖

工具

小刀
削皮器
切片刀
漏勺
烤架
烘焙纸

1 用切片刀将柠檬切成2~3毫米厚的薄片。将柠檬片放在铺有
烘焙纸的烤架上，在预热至70℃的烤箱中烘烤12小时。

2　打开一个椰子（参阅第38页），保留椰汁。将小刀插入椰子壳和椰子肉之间，取出椰肉。

3　用削皮器削出椰肉片。

4　在平底锅中倒入椰汁和砂糖。煮沸，以获得糖浆。将椰肉片煮1分钟。用漏勺将椰肉片捞出沥干，将它们放在铺有烘焙纸的烤架上，在预热至70℃的烤箱中烘烤12小时。

食谱

柑橘类水果

柑橘柠檬挞

Tarte au citron hespéride

6人份（2个挞）

制备时间
4小时

烹饪时间
3小时20分钟

冷冻时间
1晚

保存时间
2天

工具
2张塑料片
2个直径为6厘米、高2厘米的圆形模具
2个直径为16厘米、高2厘米的圆形模具
纸杯
均质机
直径为2.2厘米、高2厘米的松露形硅胶模具
直径为3.2厘米、高2.8厘米的松露形硅胶模具
直径为4厘米、高3.6厘米的松露形硅胶模具
烘焙喷砂机
裱花袋+圣奥诺雷蛋糕裱花嘴+小裱花嘴
料理机
擀面杖
奶油发泡器+2个气弹
筛子
温度计

原料

热那亚面包
166克杏仁含量为50%的杏仁膏
100克鸡蛋
40克软黄油
半个柠檬的皮
25克面粉
5克发酵粉

柠檬挞皮
175克黄油
50克糖粉
38克蛋黄
1克盐
30克杏仁粉
190克面粉
1克发酵粉
半个柠檬的皮

青柠檬酱
150克鸡蛋
150克砂糖
107克青柠檬汁
233克黄油
半个青柠檬的皮
几滴绿色天然色素

瑞士蛋白酥
100克蛋清
200克砂糖

柠檬慕斯
9克明胶片
12克水
50克柠檬汁
145克青柠檬酱（如上）
110克瑞士蛋白酥
110克脂肪含量为35%的液体奶油

彩色杏仁膏
100克杏仁含量为33%的杏仁膏
几滴天然黄色色素

丝绒白巧克力
100克白巧克力
80克可可脂

无色淋面
100克无色淋面
15克水
10克葡萄糖糖浆

黄柠檬和青柠檬脆片
1个黄柠檬
1个青柠檬

起酥饼干
30克蛋黄
45克砂糖
30克柠檬汁
20克水
25克面粉
15克蛋清
14克融化的黄油

装饰
几片迷你罗勒叶
1个手指柠檬（可选）

热那亚面包

在带搅拌器的料理机碗中，一边搅拌杏仁膏，一边一点一点加入常温的鸡蛋。将搅拌器换成打蛋器，加入软黄油和柠檬皮，打发。用刮刀轻轻放入面粉和发酵粉，搅成面团。将面团擀成1.5厘米厚的饼干状，放在衬有烘焙纸的烤盘上，放入预热至170℃的烤箱中烘烤12分钟。面包冷却后，切成两个直径16厘米的圆盘形。

柠檬挞皮

在带搅拌器的料理机碗中，混合黄油和糖粉，制成奶油质地的混合物，加入蛋黄，倒入所有干性配料，然后放入柠檬皮。将面团擀成饼状，盖上保鲜膜冷藏30分钟。取出擀成3毫米厚的面饼，切成两个直径16厘米厚的圆盘形，放在衬有烘焙纸的烤盘上，放入预热至170℃的烤箱中烘烤10分钟。

青柠檬酱

将鸡蛋一边用打蛋器搅打一边隔水加热，制成蛋糊，在搅打过程中放入糖和青柠檬汁。加入黄油和青柠檬皮，待混合物冷却至50℃时，用均质机搅拌。保留145克混合物，用于制作柠檬慕斯。将一部分剩余的青柠檬酱放入2个直径6厘米的模具中。向另一部分剩余的青柠檬酱中加入绿色天然色素。将调色的青柠檬酱放入12个小号松露模具和6个中号松露模具中，冷冻一晚。保留剩余的青柠檬酱，在摆盘时使用。

瑞士蛋白酥

一边搅拌蛋清和砂糖，一边将混合物隔水加热至45℃。离火，搅打至冷却。保留110克用于制作柠檬慕斯。将一半混合物倒入装有圣奥诺雷蛋糕裱花嘴的裱花袋中，在烘焙纸上挤成约3厘米长的火焰形状。将剩余的混合物倒入装有小裱花嘴的裱花袋中，在烘焙纸上挤出直径1厘米的水滴状。将挤出的"火焰"和"水滴"放入预热至70℃的烤箱中烘烤3个小时。

柠檬慕斯

将明胶片放入冷水中，加热，滴入柠檬汁。混合搅拌青柠檬酱和蛋白酥的混合物，加入液体奶油打发，然后缓慢放入明胶混合物中。搅拌均匀后填满6个中号松露模具和8个大号松露模具，冷冻一晚。

彩色杏仁膏

搅拌加入色素的杏仁膏。将杏仁膏放在塑料片上，盖上另一片塑料片，用擀面杖擀成薄片，切成两个长16厘米、宽3.5厘米的条带。

丝绒白巧克力

混合所有配料，加热至70℃。倒入烘焙喷砂机，在柠檬慕斯半球脱模时，喷上丝绒白巧克力。

无色淋面

混合所有配料，加热至70℃，倒入烘焙喷砂机，在圆盘和柠檬酱球脱模时，喷上淋面。

黄柠檬和青柠檬脆片

制作柠檬脆片（参见第122页）。

起酥饼干

用打蛋器打发砂糖和蛋黄的混合物，加入柠檬汁和水。倒入面粉和蛋清，然后放入融化的黄油。搅打制成均匀的混合液，将其倒入奶油发泡器，充2个气弹。用刀尖在平底纸杯底部戳5个洞，然后抹油。将一半饼干混合物填入杯中，放入微波炉，中火加热15秒，依此重复加热三次。

装盘步骤

放好柠檬挞皮圆盘，然后放上热那亚面包圆盘，填入一层青柠檬酱。在中心填入青柠檬酱，在周围摆放上大小不一的青柠檬酱球和柠檬慕斯球。用杏仁膏条带围起来，封口。放上瑞士蛋白酥、柠檬脆片、起酥饼干，在中间位置点缀迷你罗勒叶和手指柠檬。

清香橘子酱巴巴蛋糕

Baba, compotée d'oranges, infusion aux épices douces

6人份

制备时间
2小时

烹饪时间
3小时

静置时间
14小时

冷冻时间
45分钟

保存时间
3天

工具
2个直径5厘米，高25厘米的圆柱形模具
2张塑料片
喷枪
直径8厘米的圆形模具
均质机
18个直径2厘米的半球形硅胶模具
裱花袋+不同尺寸的裱花嘴
料理机
温度计
冰激凌机或雪葩机
6个直径6厘米、高10厘米的玻璃杯

原料

萨瓦兰蛋糕
40克全脂牛奶
4.5克新鲜酵母
100克T45面粉
1.5克精盐
8克砂糖
55克鸡蛋
1/2根香草荚
30克融化的黄油

浸渍糖浆
275克水
90克砂糖
1/2根香草荚
7.5克白朗姆酒
1/2个橙子皮
1/2个青柠檬皮
1/2根肉桂
1/2个八角
18克百香果泥
30克橙汁

焦糖脆面包
30克T65面粉
4克橄榄油
0.15克精盐
1克新鲜酵母
15克水
1/2汤匙香草粉
2汤匙糖粉

橙子果酱
1.8千克新鲜橙子
180克砂糖

香草马斯卡彭奶酪球
30克脂肪含量为35%的液体奶油
6克砂糖
1/2根香草荚
6克橙花
14克马斯卡彭奶酪
0.625克明胶片

橙子雪葩
2克200B明胶片
6.5克水
44克砂糖
160克橙汁

白巧克力圆盘
150克可可含量为35%的白巧克力

装饰
18片独行菜叶

萨瓦兰蛋糕

将牛奶加热至35℃。在装有搅拌器的料理机碗中，放入干性配料、鸡蛋和牛奶。搅拌，制成均匀的面团。加入黄油，然后继续揉和，制成紧实有弹性的面团。将面团放入圆柱形模具。常温发酵，使面团膨胀至与模具等高。放入预热至170℃的烤箱中烘烤约15分钟，在烤架上静置冷却。

浸渍糖浆

将所有配料放入平底锅中，煮沸，小火加热30分钟。关火后盖上盖子，冷却至60℃。将萨瓦兰蛋糕放入糖浆中，冷藏保存。

焦糖脆面包

用手揉和面粉、橄榄油、精盐、新鲜酵母和水，制成面团。盖上保鲜膜，在室温环境下放置1小时。将面团分成5克一个的小面团，用手压平，放在衬有烘焙纸的烤盘上，撒上香草粉和糖粉，放入预热至160℃的烤箱中烘烤15分钟。取出面包撒上糖粉，再放入预热至220℃的烤箱中烘烤1分钟。

橙子果酱

新鲜橙子洗净去皮，取出果肉（请参考第68页技术部分）。取出400克果肉，保留橙汁。将果肉放入平底锅中，加入糖和橙汁，混合搅拌，盖上一张烘焙纸。用小火炖煮2小时，制成质地浓稠的果酱。

香草马斯卡彭奶酪球

将奶油、砂糖、分开的香草荚和橙花放入平底锅中，加热。放入泡好的明胶片，搅拌。将混合物与马斯卡彭奶酪一起倒入料理机碗中，并倒入冷藏12小时的低温奶油。打发奶油，将其放入半球形硅胶模具中，冷冻约1小时，直至冻硬。脱模后冷冻保存。

橙子雪葩

将明胶片浸泡在冷水中，直至变软。在平底锅中加热水、砂糖和三分之一橙汁，制成糖浆。离火，放入泡好的明胶片，冷却至30℃。加入剩余的橙汁，用均质机混合搅拌，冷藏12小时。使用前放入冰激凌机或雪葩机中制成雪葩。

白巧克力圆盘

白巧克力隔水加热至45℃，使白巧克力融化。将装白巧克力的容器放入装有冰水的盆中，降温至26～27℃，再隔水加热至28～29℃。将白巧克力倒在一张塑料片上，盖上另一片塑料片，擀平，用直径8厘米的模具制成6个圆盘，静置冷却，用略加热的喷枪在圆盘上制出圆孔。

装盘步骤

沥出萨瓦兰蛋糕中的糖浆，将蛋糕切成厚5厘米的片，在每块蛋糕的中心开一个直径2厘米的孔。将蛋糕放入玻璃杯中，加入橙子果酱和一个卵圆形的橙子雪葩球。盖上白巧克力片，放上几个奶酪球。最后用独行菜叶和焦糖脆面包点缀。

橘子、白慕斯奶油冰激凌配香草、橄榄油

Mandarine, blancs mousseux et crème glacée à l'huile d'olive et vanille

6人份

制备时间
2小时

烹饪时间
3小时15分钟

冷藏时间
2小时

冷冻时间
24小时

工具
2个硅胶垫
漏勺
直径2厘米的饼干模具
直径5厘米的饼干模具
直径8厘米的饼干模具
均质机
刷子
热那亚面包硅胶烤盘
料理机
擀面杖
弯柄抹刀
温度计
冰激凌机或雪葩机

原料

白慕斯
400克蛋清
140克糖
3克挞派奶油
3克蛋白粉（自选）
10克明胶粉
60克水
1汤匙葡萄籽油或可雾化食用油

香醋
100克橘子汁
100克柠檬汁
200克橄榄油
100克无色淋面

橘子皮柠檬酱
30克糖
5克琼脂
180克柠檬汁
120克水
橘子皮适量

橘子饼干
100克鸡蛋
85克砂糖
35克蜂蜜
100克面粉
4克发酵粉
橘子皮适量
90克橄榄油

橘子酱
220克橘子
88克+9克糖
59克柠檬汁
1克NH果胶

干橘皮
橘子皮适量

蛋白酥
50克蛋清
100克糖
5克干橘子皮粉
15克冰糖
3克维生素C

香草橄榄油冰激凌
400克牛奶
8克转化糖浆
3根香草荚
6克奶粉
72克糖
36克葡萄糖
2.4克稳定剂
54克橄榄油

橘子皮糖膏
57克+166克面粉
113克软黄油
57克糖粉

57克杏仁粉
橘子皮适量
48克鸡蛋
2克盐

糖渍橘子
250克水
50克糖
2个橘子榨汁
6个橘子

装饰
一些嫩芽
1~2个橘子

白慕斯

将蛋清、糖、挞派奶油和蛋白粉放入装有搅拌器的料理机碗中，打发。明胶粉放入60克水中，隔水加热，然后倒入料理机碗中与先前的混合物一起搅拌。将混合物倒在盖有一层保鲜膜的盘子上（保鲜膜提前刷一层食用油），用弯柄抹刀抹至2厘米厚，隔水加热几秒钟。

香醋

用均质机搅拌所有配料。冷藏保存直至使用。

橘子皮柠檬酱

用均质机搅拌所有配料。冷藏保存直至使用。

橘子饼干

将鸡蛋、砂糖和蜂蜜放入装有搅拌器的料理机碗中，打发。放入面粉和发酵粉，然后加入橘子皮和橄榄油。放入热那亚面包硅胶烤盘中，做成圆饼，在预热至170℃的烤箱中烘烤12分钟。取出圆饼，制成6个直径2厘米和6个直径5厘米的圆形饼干。

橘子酱

将橘子在沸水中加热约10分钟。切块，放入平底锅中，加入88克糖和柠檬汁。用均质机搅碎，中火加热。放入剩余的糖和果胶的混合物，煮沸。

干橘皮

剥下橘皮，放在铺有烘焙纸的烤盘上，在预热至70℃的烤箱中加热2小时。取出，放入均质机中，粉碎成细末。

蛋白酥

将蛋清和糖隔水加热，在加热过程中不断搅拌，直至50℃。冷却。将蛋白酥混合物在烘焙纸上擀平，或制成水滴形（参考"主厨小窍门"），撒上干橘子皮粉、冰糖和维生素C。在预热至80℃的烤箱中加热2小时。制成小块蛋白酥。

香草橄榄油冰激凌

加热牛奶和转化糖浆，然后放入香草荚、奶粉、糖、葡萄糖和稳定剂。倒入橄榄油，混合搅拌。然后将混合物放入冰激凌机中制成冰激凌。倒入冰激凌桶中，冷冻保存。

橘子皮糖膏

将57克面粉和其他配料放入装有搅拌器的料理机碗中，搅拌均匀后，放入剩余的面粉，缓慢搅拌。在案板上揉和面团。擀成2厘米厚的面饼，盖上保鲜膜，冷藏1小时。取出后擀成2毫米厚的面饼，用饼干模具制成6个直径2厘米和6个直径5厘米的圆饼。放在硅胶垫上，盖上另一张硅胶垫，放入预热至60℃的烤箱中加热约15分钟。

糖渍橘子

煮沸水、糖和橘子汁，放入橘子果肉，加热5～10分钟。用漏勺取出果肉，将橘子糖浆浓缩至三分之二。将橘子糖浆浇在橘子果肉上。

装盘步骤

在盘中放入直径8厘米的饼干模具，在中心放入直径5厘米的饼干模具，在模具间倒入白慕斯，制成圆环。脱模将圆环切开，放入直径2厘米的糖膏，在糖膏上放一个糖渍橘子。在中心位置放入用香醋汁和干橘子皮浸渍的橘子饼干。在饼干上放上橘子酱和橘子皮柠檬酱。抹上香醋汁。在白慕斯上放上橘子果肉（参见第68页）、干橘子皮、蛋白酥和嫩芽。用热水浸泡冰激凌勺，将冰激凌制成蜗牛的形状，摆放在圆环一侧。上桌时搭配香醋汁。

主厨小窍门

可以根据喜好将蛋白酥制成鱼形、水滴形或其他形状。可用薄塑料片和刀子辅助摆盘。

金橘蛋糕

Cake au kumquat

6人份

制备时间
45分钟

烹饪时间
35分钟

冷冻时间
3天

工具
料理机
22厘米×6.5厘米，4.5厘米高的椭圆形蛋糕模具
21厘米×5.5厘米，2.5厘米高的椭圆框模具

原料

糖渍金橘
5~6个金橘（参见第84页）
适量面粉

蛋糕面糊
90克黄油
87克糖粉
75克鸡蛋
25克杏仁粉
105克面粉
17克玉米淀粉
3.5克发酵粉
17克金橘果汁
17克全脂牛奶

四季橘果冻
3克琼脂
33克糖
17克橙汁
55克四季橘果泥

糖浆
150克水
100克糖
3个金橘皮

装饰
金橘干（参见第122页）

蛋糕面糊

将黄油和糖粉放入装有搅拌器的料理机碗中，打发，然后一点一点加入鸡蛋。放入其他干性配料，搅拌。加入金橘果汁和牛奶。

四季橘果冻

在平底锅中放入橙汁、四季橘果泥，然后放入糖和琼脂的混合物，煮沸。

糖浆

将水、糖和金橘皮煮沸，制成糖浆。

装盘步骤

在大的椭圆形蛋糕模具中涂抹黄油。将蛋糕面糊填至模具四分之三处。随意放入几个完整的糖渍金橘。在预热至175℃的烤箱中烘烤35分钟。烘烤结束10分钟后脱模，刷上常温的糖浆。蛋糕冷却后，在蛋糕上放置椭圆框模具，一点一点倒入四季橘果冻。等待十几分钟后取下模具，用金橘干装饰。

香橙糖心玛德琳蛋糕

Madeleine au yuzu, glaçage au sucre

制作24个玛德琳蛋糕

制备时间
20分钟

烹饪时间
11分钟

静置时间
12小时

冷藏时间
10分钟

保存时间
用保鲜膜覆盖，静置干燥处可保存1周

工具
烤架
搅拌机
均质机
玛德琳蛋糕模具
刷子
裱花袋+直径8毫米的裱花嘴

抹刀
筛子

原料

玛德琳蛋糕
180克黄油
150克鸡蛋
125克砂糖
0.6克精盐
25克刺槐蜂蜜
12克葡萄籽油
135克T55面粉
7克发酵粉
45克杏仁粉
30克全脂牛奶

糖面
45克糖粉
15克香橙汁

香橙果胶
20克砂糖
3.5克NH果胶
1克琼脂
25克香橙汁
100克水

玛德琳蛋糕

取出黄油，静置软化。将鸡蛋、糖、盐和蜂蜜混合搅拌均匀。加入葡萄籽油。面粉和发酵粉搅拌过筛，放入混合物中。加入杏仁粉。放入温热的软黄油，搅拌后倒入牛奶。用保鲜膜包裹，静置冷藏2小时以上（12小时最佳）。用抹刀将混合物放入装有裱花嘴的裱花袋中。在玛德琳蛋糕模具上涂抹黄油并撒面粉。将混合物填充满玛德琳蛋糕模具后，冷藏几分钟，使混合物冷却。放入预热至190℃的烤箱中烘烤2分钟，然后再170℃烘烤7分钟。烘烤结束后脱模，置于烤架上冷却。

糖面

混合糖粉和香橙汁，制成糖面。

香橙果胶

在平底锅中加热香橙汁和水，混合糖、果胶和琼脂并向平底锅中放入混合物，煮沸30秒。倒入碗中，盖上保鲜膜，冷藏至混合物凝结。用均质机搅拌，制成液体凝胶状。将香橙果胶放入无裱花嘴的裱花袋。

装盘步骤

用刷子在玛德琳蛋糕上刷糖面，放入预热至170℃的烤箱中烘烤1分钟，烘干糖面。取出后在玛德琳蛋糕的凸起处戳一个小洞，填入香橙果胶。

箭叶橙果仁棉花糖巧克力迷你挞

Tablette chocolat combawa, guimauve et praliné

制作2个迷你挞

制备时间
1小时

烹饪时间
30分钟

巧克力凝固时间
2小时

保存时间
5天

工具
2个传统巧克力或柑橘形、直径为10厘米、高1.5厘米的迷你挞模具
裱花袋+直径6毫米的裱花嘴
切片机
搅拌机
硅胶垫
温度计
折光仪

原料

箭叶橙榛子果仁糖
21克榛子
12克砂糖
4克水
4克葡萄糖浆
1根香草荚
0.5克精盐
2.8克可可脂
1克箭叶橙皮

箭叶橙棉花糖
25克砂糖
15克水
7.5克+11克转化糖浆
2克明胶粉
1克箭叶橙皮

巧克力
200克可可含量为64%的巧克力

主厨小窍门

- 这道甜点也可以用迷你挞经典模具来制作。
- 这款棉花糖不是由蛋清制成的，因此在微波炉中加热软化后可以重复使用。

箭叶橙榛子果仁糖

　　将榛子放入预热至140℃的烤箱中，烘烤20分钟。将香草荚分开，取出香草籽。在平底锅中，熬煮糖、水、葡萄糖浆和香草籽，直至混合物呈焦糖色。再放入盐和烤榛子拌匀。将混合物倒在衬有硅胶垫的烤盘上，让其冷却至35℃以下，以避免榛子的油脂从混合物中分离出来。倒入搅拌机搅碎。再用30℃热水隔水融化可可脂。将箭叶橙皮和液体可可脂加入果仁糖中，冷却至室温。再次混合搅拌，制成果仁糖。

箭叶橙棉花糖

　　将砂糖、水和7.5克转化糖浆在平底锅中加热至110℃。制成混合糖浆后，倒入搅拌机中，放入剩余的转化糖浆和明胶粉，快速搅拌3分钟。然后调整至中速搅拌，直至完全冷却。最后放入箭叶橙皮。

巧克力

　　将巧克力切成小块放入碗中，在50℃水温下将其水浴融化。巧克力融化后，将碗放在装满水和冰块的盆中。搅拌，从而降低巧克力的温度。当巧克力降温至28～29℃时，将装巧克力的碗再次隔水加热，将温度升至31～32℃。

装盘步骤

　　在模具中倒入一层巧克力，使其凝固几分钟。用装有6毫米裱花嘴的裱花袋，将棉花糖挤到模具一半的位置。静置几分钟，直到棉花糖不再粘手，放入一层果仁糖，在模具边缘留出2毫米的空隙。待果仁糖凝结，浇上剩余的巧克力。在室温下静置2小时，直至巧克力凝结变硬。当模具中的巧克力开始收缩时脱模。

奇亚籽油鱼子酱柠檬螯虾

Langoustine, citron caviar et tuile de chia

4人份

制备时间
1小时30分钟

冷藏时间
12小时

冷冻时间
1小时15分钟

静置时间
24小时

烹饪时间
3小时45分钟

保存时间
2天

工具
剪刀
纱布
切片器
搅拌机
吸液管
扞子
裱花袋
硅胶垫

原料

汤汁
250克水
12.5克精盐
7.5克砂糖
1片月桂叶
1/2根桂皮
1个八角

海螯虾
4只海螯虾（200～300
克/只）
250克汤汁（如上）

小茴香油
115克葡萄籽油
65克小茴香
30克菠菜

酸奶汁
100克希腊酸奶
125克原味酸奶
3克精盐

酸黄瓜
50克水
50克白醋
50克砂糖
2克精盐
60克黄瓜

苹果丁
50克青苹果
1个柠檬

奇亚籽片
20克水
10克奇亚籽
150克葡萄籽油

鲜奶酪酱汁
1茶匙青葱
1汤匙细香葱
60克干酪素
1/2茶匙百里香蜂蜜
1茶匙白醋
适量精盐
适量胡椒粉
适量辣椒粉

装饰
橄榄油
1个鱼子酱柠檬
水芹嫩叶、琉璃苣、豆
瓣菜若干

汤汁

在制作汤汁的前一天，加热100克水，放入糖和盐。将香料放入剩余的水中，冷藏。糖盐水煮沸后，立即倒入放有香料的冷水中。将汤汁冷藏12小时。

海鳌虾

在制备海鳌虾前1小时将汤汁放入冰箱冷冻。将海鳌虾的头去掉并去壳，留下海鳌虾肉（为另一个食谱保留鳌虾壳）。切开鳌虾壳，去除虾肠，然后用清水冲洗干净。将虾肉摆放在汤汁中，腌渍虾肉，待4分钟后取出，将虾肉擦干后放入冰箱冷藏。

小茴香油

将葡萄籽油加热至85℃。在搅拌机中将所有配料与油混合搅拌。过滤，放入裱花袋中悬挂2小时。刺穿裱花袋底端析出小茴香油，并将其储存在滴瓶中。未用完的小茴香油可置于阴凉处保存，以备下次使用。

酸奶汁

在平底锅中加热酸奶，加盐拌匀，待混合物开始凝结时，将其用纱布过滤，以分离凝乳。凝乳将用于制作新鲜的奶酪奶油。冷藏保存。

酸黄瓜

在水中放入醋、糖和盐，煮沸。盖上盖子冷却并冷藏。将黄瓜洗净，用切片器将其切成1.5毫米厚的黄瓜片。去除瓜瓤。将黄瓜片腌制4~5分钟，然后将它们缠绕在两根扦子上，制成迷你卷。留存备用。

苹果丁

青苹果去皮切丁，放入柠檬水中保存。

奇亚籽片

将水烧开，倒在奇亚籽上，混合搅拌，盖上保鲜膜并在常温环境下静置24小时。将混合物薄薄地在硅胶垫上铺一层，然后放入预热至80℃的烤箱中干燥3个小时。将奇亚籽片切成规则的块，在180℃的葡萄籽油中煎炸。取出后用吸油纸吸干油分，放在干燥处。

鲜奶酪酱汁

切碎青葱和细香葱。加入蜂蜜、白醋、干酪素用勺子搅拌均匀。加入盐、胡椒粉和辣椒粉调味。冷藏保存。

最终步骤

加热酸奶汁，加入几滴小茴香油，注意不要使其乳化。在平底锅中，倒入少许橄榄油，将海鳌虾肉的背部煎熟。一面煎2~3分钟，让虾肉呈现微微的珍珠颗粒状，调味并放在一边备用。将鱼子酱柠檬切成两半并取籽备用。

装盘步骤

在盘子里放入一汤匙新鲜的奶酪酱汁，然后放上海鳌虾。将沥干的苹果丁放在海鳌虾的背面，加入鱼子酱柠檬。用酸黄瓜片和奇亚籽片装饰摆盘。倒入酸奶汁，用准备好的蔬菜嫩叶点缀。

葡萄柚树桩蛋糕

Bûche au pamplemousse

6人份

制备时间
1小时30分钟

烹饪时间
10分钟

冷藏时间
2小时

冷冻时间
3小时

保存时间
24小时

工具
搅拌机
柠檬刨丝器
均质机
温度计
直径2厘米，长25厘米的
塑料管

原料

杏仁海绵蛋糕
135克糖粉
135克杏仁粉
180克鸡蛋
120克蛋清
18克砂糖
36克面粉
27克融化的黄油

梨子慕斯
4克明胶片
150克鸡蛋
120克蛋黄
100克细砂糖
400克梨子果泥
160克黄油

葡萄柚糖浆
50克水
50克糖
50克葡萄柚汁

葡萄柚奶油
7克明胶片
250克全脂牛奶
50克砂糖
50克蛋黄
155克白巧克力
140克葡萄柚汁

糖渍葡萄柚
1个白葡萄柚
1个粉红葡萄柚
1份梨子糖浆

装饰
几片豌豆苗嫩叶
葡萄柚皮

杏仁海绵蛋糕

将糖粉、杏仁粉和鸡蛋放入搅拌机中搅拌。取蛋清,加入糖,打发。用抹刀轻轻地将搅打过的蛋清拌入混合物中,然后加入面粉。倒入融化的黄油,轻轻搅拌。将混合物铺在烤盘上,至1厘米厚。在预热至180℃的烤箱中烘烤9分钟。

梨子慕斯

用冷水浸泡明胶。打发鸡蛋、蛋黄和糖。在平底锅中,倒入梨子果泥和鸡蛋混合物,一边煮一边搅拌。煮沸后,停止加热并加入泡好的明胶。将温度降至45℃,将平底锅放在冰块上,加入黄油,用均质机混匀。放入冰箱冷藏1小时。

葡萄柚糖浆

在平底锅中将水和糖煮沸。倒入葡萄柚汁。冷却后冷藏保存。

葡萄柚奶油

用冷水浸泡明胶。在平底锅中加热牛奶和一半的糖,来准备蛋奶冻。将蛋黄倒入碗中,加入剩余的糖,搅拌打发。当牛奶沸腾后,一边搅拌,一边将牛奶倒在打发的蛋黄上。将混合物倒回锅中,同时用抹刀搅拌,煮至82℃。取140克蛋奶冻,加入泡软的明胶片,然后倒在切成小块的白巧克力上。用手持搅拌机搅拌并加入葡萄柚汁。将400克葡萄柚奶油倒入塑料管中。冷冻3个小时。

糖渍葡萄柚

用柠檬刨丝器(参见第64页)从葡萄柚上取皮,然后在水中焯3次以去除苦味。在另一个平底锅中,将梨子糖浆煮沸。用梨子糖浆煮烫葡萄柚皮。将葡萄柚去皮并去除白皮层(见第68页技术部分),进行装饰。将糖渍葡萄柚切成5毫米见方的小块。

装盘步骤

将杏仁海绵蛋糕切成25厘米×40厘米的蛋糕块。将葡萄柚糖浆刷在蛋糕上,然后涂上半厘米厚的梨子慕斯,在其中一端留出5厘米宽的条,以便合拢蛋糕。在慕斯上摆放上小块糖渍葡萄柚。把冷冻过的葡萄柚奶油棒放在一边,用海绵蛋糕卷起。用粉红色和白色的葡萄柚果肉装饰蛋糕,点缀上葡萄柚皮和豌豆苗嫩叶。

主厨小窍门

建议使用一张烘焙纸来卷起蛋糕,这样可以避免出现蛋糕残渣。

葡萄柚帝王蟹搭配牛油果泥、葡萄柚泡沫

Crabe royal et pomélos, purée d'avocats et nuage de pamplemousse

4人份

制备时间
1小时

烹饪时间
1小时

保存时间
2天

工具
搅拌机
喷枪
过滤纱布
直径5厘米的圆形模具
均质机
烘焙纸
迷你挞模具
滴管或裱花袋
500毫升奶油发泡器+
1个气弹

原料

调味蛋黄酱
10克蛋黄
2.5克芥末
2.5克辣根
100克葡萄籽油
5克青柠檬汁
40克泰国辣椒酱
盐适量
胡椒粉适量

黄瓜粉（可选）
200克黄瓜

葡萄柚酱汁
2克200B明胶
100克葡萄柚汁
10克砂糖
1克琼脂

葡萄柚泡沫
2克200B明胶
25克全脂牛奶
1/2个香草荚
10克砂糖
100克粉葡萄柚汁

牛油果泥
125克牛油果
5克葡萄籽油
3克青柠檬汁
1.5克埃斯佩莱特辣椒粉
盐适量
胡椒粉适量

装饰
320克帝王蟹
40克柚子
装饰叶若干：茼蒿、芹
菜、琉璃苣、辣椒丝

调味蛋黄酱

将蛋黄、芥末、辣根、盐和胡椒粉混合搅拌。一点一点倒入葡萄籽油，搅打，制成蛋黄酱。加入青柠檬汁，使蛋黄酱质地更稳定。向蛋黄酱中逐渐少量加入辣椒酱，令蛋黄酱更稀松。冷藏备用。

黄瓜粉（可选）

将黄瓜洗净，连皮横切成四等份。放在衬有烘焙纸的烤盘上，然后在预热至220℃的烤箱中烘烤。当黄瓜变黑时，将其从烤箱中取出。冷却后放入搅拌机中，将其粉碎成粉末。在密封盒中保存。

葡萄柚酱汁

将明胶浸泡在冷水中。在平底锅中加热葡萄柚汁，放入糖和琼脂，煮沸后加热1分钟。关火，加入浸泡好的明胶。将混合物倒在铺有塑料纸的盘子上，至2毫米厚，然后在阴凉处冷却。制成4个直径5厘米的圆盘，冷藏，食用时取出。

葡萄柚泡沫

将明胶浸泡在冷水中。将香草荚分开，刮下香草籽。在平底锅中，加热牛奶、糖和香草籽。放入沥干的明胶，然后加入葡萄柚汁。用均质机搅拌混合物。过筛，然后倒入奶油发泡器，填充气弹，放入冰箱中冷冻保存，食用时取出。

牛油果泥

混合所有配料。调味并过滤，使果泥质地细腻光滑。在滴瓶或保鲜袋中保存，放入冰箱冷藏。

装盘步骤

将帝王蟹去壳并切成三块。将其中的两块涂上调味蛋黄酱，用喷枪灼烧或在预热至190℃的烤箱中烘烤2分钟。取柚子肉（参见第68页技术），将它们切成小块并用喷枪灼烧果肉边缘。在盘子底部撒上黄瓜粉。将帝王蟹块和柚子块协调摆放。将葡萄柚酱汁加入圆盘中，然后点缀牛油果泥。最后用葡萄柚泡沫和各种嫩叶进行装饰。

佛手柑千层酥

Mille-feuille à la main de bouddha

6人份

制备时间
7小时30分钟

冷藏时间
8小时

冷冻时间
20分钟

烹饪时间
1小时10分钟

保存时间
2天

工具
烤盘
切片器
搅拌机
均质机
无裱花嘴的裱花袋
料理机
擀面杖
硅胶垫

原料

传统千层酥

和面
400克过筛的面粉
200克水
12克精盐
60克软黄油
3克白醋

包裹黄油
350克咸黄油

焦糖粉
100克砂糖

柠檬外交官奶油
141克全脂牛奶
30克蛋黄
45克砂糖
15克奶粉
47克柠檬汁
2.5克明胶粉
15克水
112克脂肪含量为35%的
鲜奶油

榛果巧克力奶油
55克脂肪含量为35%的鲜
奶油
28克全脂牛奶
8克砂糖
17克蛋黄
1克明胶粉
6克水
45克榛果巧克力酱
14克黄油

糖渍佛手柑
1个佛手柑
100克水
100克砂糖
1根香草荚

佛手柑干
糖渍佛手柑片（如上）

榛果巧克力
50克榛果巧克力酱（请参
阅第114页的制作方法）

传统千层酥

将除咸黄油外的配料倒入装有和面钩的料理机碗中，混合搅拌，直至获得均匀的面团。在面团上下垫上烘焙纸，将面团擀成30厘米×20厘米的长方形。放入冰箱冷藏1小时。将黄油切成25厘米×20厘米的长方形。放入冰箱冷藏1小时。取出面团，擀成黄油的两倍长。将黄油放入面团中，让面团把黄油包裹住，封边。在面板上撒一层面粉，然后将面团擀成60厘米×25厘米的面饼。将四边向内折叠（包裹），再将面饼两端向中心折叠（一圈），然后对折（半圈）。将面团转90度，使收口向下放置。擀平，然后再将面饼两端向中心折叠（一圈）。到这一步骤，面团已折叠两圈半。裹上保鲜膜，放入冰箱冷藏1小时。将以上步骤重复两次，裹上保鲜膜并在冰箱中冷藏2小时。将面团擀成3个25厘米×15厘米，厚1厘米的长方形。在面饼上扎孔并将其放在衬有烘焙纸的烤盘上。烘烤前需放入冰箱冷冻20分钟。将3个长方形面饼放在烘焙纸上，然后盖上另一张烘焙纸。放入预热至170℃的烤箱中烘烤约30分钟。

焦糖粉

在平底锅中，将糖融化，直到呈焦糖金色。将焦糖倒入铺有烘焙纸或硅胶垫的盘子上。冷却后，将其放入搅拌机中粉碎成粉末。待千层酥烘烤上色后，在其中两片上撒焦糖粉，放入预热至170℃的烤箱中再次烘烤2分钟。烘烤过程中无需盖上烘焙纸。烘烤完毕后放在烤架上冷却。

柠檬外交官奶油

将糖和蛋黄用打蛋器打发。加入奶粉和柠檬汁。在平底锅中加热牛奶，煮沸，将三分之一的牛奶倒在之前的混合物上，使其升温。混合搅拌。将所有配料倒回平底锅，同时用力搅拌并煮沸2~3分钟。关火，加入浸泡好的明胶，制成卡仕达酱。将卡仕达酱放入碗中，盖上保鲜膜，并在冰箱中冷藏保存，使用时取出。在制作千层酥之前，先用打蛋器或搅拌机将鲜奶油打发。用打蛋器搅拌使卡仕达酱变软，然后用抹刀轻轻拌入打发的鲜奶油。

榛果巧克力奶油

在平底锅中，加热奶油、牛奶和糖。待煮沸后，加入蛋黄，边搅拌边煮至85℃。关火，加入浸泡好的明胶，充分混合并倒在榛果巧克力酱上。用均质机对混合物进行搅拌。冷却至35℃，加入黄油，再次搅拌后盖上保鲜膜，置于阴凉处，直至使用。

糖渍佛手柑

用切片器将佛手柑切成1毫米厚的薄片。将香草荚分开，刮下香草籽。用平底锅加热水、糖和香草籽，煮沸，制成糖浆。将佛手柑片放入热糖浆中直至颜色呈半透明。沥干，留存备用。

佛手柑干

将一半沥干的糖渍佛手柑片放在铺有烘焙纸的烤盘上。在预热至60℃的烤箱中烘烤40分钟。存放在密封罐中，置于干燥处，直至使用。

榛果巧克力

制作榛果巧克力酱（请参阅第114页的制作方法），将其倒入铺有保鲜膜的小盘子中，并盖上保鲜膜。冷冻4小时以上。

装盘步骤

用锯齿刀将冷却的酥皮切成20厘米×10厘米的长方形千层酥片。在盘中摆放好第一个长方形千层酥片，将焦糖化的一面朝下，用裱花袋交替挤上柠檬外交官奶油和榛果巧克力奶油。将未焦糖化的长方形千层酥片放在上面，再次将两种奶油挤在上面。放上最后一层长方形千层酥片，将焦糖化的一面朝上。然后将千层酥侧放。在千层酥的边缘涂上几滴柠檬外交官奶油，交替摆放佛手柑干和糖渍佛手柑。最后装饰几块榛果巧克力。

香柠檬千层扭结面包

Chignons feuilletés à la bergamote

制作10个千层扭结面包

制备时间
2小时30分钟

烹饪时间
20分钟

冷藏时间
16小时

冷冻时间
10分钟

发酵时间
2小时30分钟

保存时间
24小时

工具
法式布里欧修奶油面包
模具
刷子
料理机
擀面杖

原料

布里欧修千层面包

面团
75克鸡蛋
75克牛奶
10克法国长棍面包酵母
150克T45面粉
3克盐
20克砂糖
25克融化的黄油

包裹黄油
150克黄油

香柠檬酱
125克香柠檬
60克糖
60克水
100克柠檬汁
125克苹果汁
175克+20克砂糖
1.5克NH果胶

糖浆
50克水
50克砂糖

装饰
糖渍香柠檬若干

布里欧修千层面包

在装有和面钩的料理机碗中，放入鸡蛋、牛奶和酵母，然后放入面粉，再加入糖和25克黄油。低速搅拌2分钟，然后中速搅拌5分钟，获得柔软的面团。用保鲜膜包裹面团并冷藏静置一晚。次日，将面团擀成20厘米×40厘米的长方形，然后放入冰箱冷冻10分钟。与此同时，准备包裹用的黄油。将黄油用两张烘焙纸夹住，擀成边长为20厘米的正方形。将黄油放在长方形面团上，从两端向中心折叠。将面团（20厘米×60厘米）擀开，然后将面团由两边向中间折叠，包裹一圈。盖上保鲜膜并冷藏2小时。将面团转90度，收口向下放置，重复这个折叠步骤。在冰箱中再静置冷藏2小时。将面团取出并擀成0.5厘米厚的面饼，切成10个15厘米×6厘米的长方形，然后将每个长方形切成3个宽2厘米的长条。将长条的顶端粘连，编成辫子状，在辫子末端挤上香柠檬酱，并将辫子卷起来。捏住底端，收口。放在涂抹过黄油的法式布里欧修奶油面包模具中。在28℃环境下发酵2.5小时，然后放入预热至170℃的烤箱中烘烤15～20分钟。

香柠檬酱

制作香柠檬酱（请参阅第101页的制作方法）。

糖浆

在平底锅中将水和糖煮沸。

装盘步骤

将面包从烤箱中取出后，用刷子在面包上刷上糖浆，然后装饰几块糖渍香柠檬。

韦基奥港蛋卷冰激凌

Face u caldu, cornet de Porto-Vecchio

6人份

制备时间
45分钟

烹饪时间
3小时

冷藏时间
12小时

冷藏定型时间
4小时

保存时间
3天

工具
打蛋器
华夫饼机
均质机
直径为3厘米，高1.5厘米的半球形硅胶模具
带直径18毫米裱花嘴的裱花袋
温度计
冰激凌机或雪葩机

原料

蛋卷
112克面粉
56克红糖

0.5克盐
112克热水
28克软化黄油
3克大豆卵磷脂糖浆

科西嘉风味榛果糖奶油冰激凌
256克全脂牛奶
14克脱脂奶粉
30克细砂糖
28克葡萄糖粉
30克脂肪含量为35%的液体奶油
40克榛果糖
1.6克稳定剂

香橼雪葩
143克水
74克砂糖
16克转化糖
24克葡萄糖粉
1.6克稳定剂
140克香橼汁

香橼皮
30克香橼皮
100克糖
100克水

装饰
科西嘉榛子若干
榛子果皮若干
香橼皮丝若干

主厨小窍门

将科西嘉传统甜饼干（canistrelli）的碎屑撒在冰激凌上，令口感更丰富，也为甜品带来一丝科西嘉地方风味。

蛋卷

将干配料和热水混合搅拌，制成均匀的面团。加入软化的黄油和大豆卵磷脂糖浆。在室温下静置10分钟。在华夫饼机中加热至颜色均匀，然后将华夫饼卷成圆锥状。在密封盒中保存。

科西嘉风味榛果糖奶油冰激凌

用平底锅加热牛奶至25℃，加入奶粉。继续加热至30℃，倒入一半细砂糖和葡萄糖粉。继续加热至35℃，倒入液体奶油和榛果糖。再加热至45℃，加入另一半细砂糖与稳定剂的混合物。加热至85℃时，用均质机搅拌。冷藏12小时，然后放入冰激凌机中。

香橼雪葩

用平底锅将水加热至40℃，放入砂糖、转化糖、葡萄糖粉和稳定剂。加热至85℃，之后放入冰箱中快速冷却。冷藏4小时以上，加入香橼汁。用均质机搅拌，然后将混合物放入雪葩机。

香橼皮

切开香橼皮，去除白色的部分以避免苦味（参见第66页）。切出18条香橼皮丝。在平底锅中将水和糖煮沸，制成糖浆。将香橼皮放在糖浆中浸泡约2分钟，然后将其取出。将香橼皮放入半球形硅胶模具中，制成弧线形。放入预热至40℃的烤箱中烘干。待香橼皮变干后，将它们置于干燥处，直至使用。

装盘步骤

制作香橼雪葩，然后制作科西嘉风味榛果糖奶油冰激凌。把它们分别放在末端开口的裱花袋中，然后将这两个裱花袋放在一个带有裱花嘴的裱花袋中。以画圈的方式在每个蛋卷中挤入约120克混合物。用切成两半的榛子仁和榛子果皮进行点缀，装饰3根香橼皮丝。

四季柑珍珠燕麦酸奶

Yogourt, perles de kalamansi et granola

4人份

制备时间
30分钟

烹饪时间
2小时

发酵时间
8～10小时

冷冻时间
1小时

保存时间
2天

工具
4个玻璃酸奶罐
纱网过滤器
吸管
温度计
酸奶机

原料

自制酸奶
500克全脂牛奶
62克脱脂奶粉
62克原味酸奶
1根香草荚（可选）

麦片
7.5克椰子油
7.5克洋槐蜜
25克燕麦片
15克糙米泡芙
15克去皮开心果
7克山地榛子
7.5克白芝麻
7.5克葵花籽
9克柯林斯葡萄干
9克蔓越莓干

四季柑珍珠
葡萄籽油
100克四季柑汁
15克砂糖
1.5克琼脂
100克明胶粉
700克水
0.5克姜黄

四季柑汁
300克四季柑汁

自制酸奶

用平底锅将牛奶和奶粉加热至82℃，关火。待温度降至45℃，取四分之一的混合物与原味酸奶搅拌。将酸奶混合物倒回锅中，搅拌，直至质地均匀（可按个人口味加入香草荚）。装罐。将罐子放入酸奶机中发酵8～10小时，或在预热至41℃的烤箱中先发酵2小时，之后不要打开烤箱门，让奶罐在烤箱中静置6小时。发酵结束后，冷藏保存，直至使用。

麦片

将烤箱预热至150℃。在碗中搅拌椰子油与温热的洋槐蜜。将所有配料（葡萄干和蔓越莓干除外）倒入碗中，搅拌。将混合物倒在衬有烘焙纸的烤盘上，烘烤25～30分钟，每10分钟搅拌一次。冷却后，放入葡萄干和蔓越莓干。待混合物冷却后，将其装入密封罐，置于阴凉干燥处保存。

四季柑珍珠

将装满葡萄籽油的容器放入冰柜冷冻1小时。用平底锅将其他配料煮沸并冷却。用吸管吸取混合物，然后滴入冷油中，冷热温度差异有助于制作四季柑珍珠。用纱布将珍珠过滤去油，然后用冷水彻底冲洗（珍珠不会爆裂）。留存备用。

四季柑汁

用平底锅将四季柑果汁浓缩至五分之一。按需要加糖并冷藏保存。

装盘步骤

一手斜握玻璃杯，倒入少许酸奶，加入麦片和珍珠，再倒入一层酸奶，重复以上步骤。最后放一些麦片、几颗四季柑珍珠和一汤匙四季柑汁。

核果类水果

新鲜杏仁开心果杏子挞

Tarte abricots, pistaches et amandes fraîches

6人份

制备时间
30分钟

烹饪时间
12小时

冷藏时间
3小时

保存时间
2天

工具
1个直径为20厘米，高
2厘米的圆形模具
切片器
刷子
刨丝器

原料

蛋黄液
20克蛋黄
5克脂肪含量为35%的液
体奶油
1克精盐

杏仁挞皮
120克小麦面粉
60克黄油
30克砂糖
30克杏仁粉
1个香草荚
1.5克海盐
25克鸡蛋

杏仁开心果奶油
50克软黄油
50克砂糖
30克杏仁粉
20克开心果粉
5克玉米淀粉
4克开心果泥
50克鸡蛋

迷迭香冰糖
10克迷迭香
蛋清适量
砂糖适量

装饰
600克新鲜杏子
20克无色淋面（请参阅
第242页椰子方糕）
10克新鲜杏仁
10克开心果粉
10克糖粉
嫩叶若干

蛋黄液

混合所有配料并冷藏保存。

杏仁挞皮

向面粉中加入黄油，搅拌成砂粒状。分开香草荚，刮出香草籽，加入糖、杏仁粉和盐。加入鸡蛋，然后用手掌轻轻揉和。稍微擀平，包裹上保鲜膜并冷藏1小时。待挞皮底部的颜色变暗，冷藏静置2小时。放入预热至150℃的烤箱，烘烤20分钟。用刨丝器制作挞皮边缘的褶皱装饰，并用蛋黄液涂抹挞皮内外。重新放回预热至170℃的烤箱，烘烤10分钟，使挞皮完美着色。

杏仁开心果奶油

用打蛋器将糖和黄油的混合物打发。加入杏仁粉、开心果粉、玉米淀粉和开心果泥。少量多次倒入鸡蛋。用杏仁开心果奶油填充挞底。

迷迭香冰糖

洗净迷迭香。在叶子上轻轻刷上蛋清，然后将它们放入砂糖中。将迷迭香分开摆放在铺有烘焙纸的烤盘上，并放在预热至50℃的烤箱中，烘烤12小时。

装盘步骤

杏洗净去核。切成四块，然后将杏肉瓣圆形的一面朝下，呈玫瑰花瓣状放在挞底的杏仁开心果奶油上。在预热至160℃的烤箱中烘烤25分钟。冷却至室温。用刷子将无色淋面轻轻涂在挞皮上。用刀背轻敲杏仁壳的一侧，将其打开。取出杏仁，然后用削皮器去除杏仁皮。用切片器将新鲜杏仁切成薄片。在蛋挞上撒上开心果粉。将一个直径18厘米的纸盘放在挞的中心位置，在四周撒上糖粉。用若干嫩叶和新鲜的杏仁片进行装饰。

桃子花朵挞

Fleur de pêche

8人份

制备时间
1小时30分钟

冷冻时间
2小时

烹饪时间
15~20分钟

保存时间
24小时

工具
直径18厘米、高2厘米的
挞派模具
过滤器
切片器
刷子

原料

挞皮
75克黄油
47克糖粉
15克杏仁粉
1/2根香草荚
125克面粉
30克鸡蛋
1克盐
50克白巧克力

桃子葡萄酒果酱
130克桃子
25克红葡萄酒
33克糖
1/2根香草荚

糖浆
80克水
80克糖
10克柠檬汁

马鞭草奶油
2克明胶片
3克马鞭草
45克+75克脂肪含量35%
的液体奶油
6克糖粉

装饰
马鞭草叶若干

挞皮

混合黄油、糖粉、杏仁粉和半个香草荚的香草籽，搅拌至呈砂粒状，然后加入盐、面粉和鸡蛋混合成面团。放入冰箱中静置2小时，取出将其擀成3毫米厚的面饼，放入涂有黄油的挞皮模具中。放入预热至170℃的烤箱中烘烤15~20分钟。将白巧克力隔水加热至融化。在烘烤完成时，用刷子在挞皮上刷一层薄薄的白巧克力液。

桃子葡萄酒果酱

将桃子洗净。避开桃核，在每个桃子上切下约2厘米厚（最大厚度）的果肉片。保留这些桃肉片，它们将被用作装饰。将其余的桃子果肉切成边长为1厘米的小方块。加入葡萄酒、糖和香草荚，盖上锅盖，用小火焖煮约20分钟。静置冷藏。

糖浆

在平底锅中将水、糖和柠檬汁煮沸。静置冷藏。

马鞭草奶油

将明胶片浸泡在冷水中。在平底锅中加热45克奶油，离火，将马鞭草在热奶油中浸泡10分钟。过筛，向奶油中放入浸泡好的明胶，再次加热。向锅内加糖粉，搅打剩余的奶油，制成新鲜的尚蒂伊奶油。加入冷却至20℃的浸泡过马鞭草的奶油。最后一步应在装盘时进行，这样能避免奶油变硬。

装盘步骤

将桃子葡萄酒果酱放在挞皮的底部，然后将马鞭草奶油倒在上面。冷藏20分钟。同时，用切片器把之前保留的桃片切薄。将它们浸入糖浆中以防止氧化，按玫瑰花的形状摆放在挞皮上。放入几片新鲜的马鞭草叶子进行装饰。

油桃马鞭草泡芙

Religieuses nectarine, verveine

6人份

制备时间
1小时30分钟

冷藏时间
12小时

浸泡时间
20分钟

烹饪时间
45分钟

保存时间
1天

工具
打蛋器
抹刀
锯尺刀
牙签
均质机
直径为5厘米圆形饼干
模具
硅胶模具
直径为3.2厘米，高2.8
厘米的6个半球形模具
筛子
裱花袋+直径为8毫米、
直径为10毫米的裱花嘴
塑料片
搅拌机
料理机
擀面杖
温度计

原料

香草甘纳许
56克+112克脂肪含量为
35%的液体奶油
1根香草荚
6克葡萄糖浆
7克转化糖
81克白巧克力

马鞭草卡仕达酱
166克全脂牛奶
50克新鲜马鞭草叶
36克蛋黄
30克砂糖
13克玉米淀粉
9克黄油

油桃球
1/2个成熟的黄油桃
1/2个成熟的白油桃

油桃果酱
1/2个成熟的黄油桃
1/2个成熟的白油桃
30克油桃果泥
1/2根香草荚
10克砂糖
0.5克琼脂

脆饼干
25克软黄油
30克粗红糖
30克面粉

泡芙
62克全脂牛奶
50克黄油
1克盐
2克砂糖
38克T55面粉
65克鸡蛋
6克全脂热牛奶

白巧克力片
300克白巧克力

果冻球
250克水
25克砂糖
13克蔬菜果冻或13克琼脂

装饰
1个黄油桃
1个白油桃
香草粉少许

香草甘纳许

将56克奶油、一根香草荚的香草籽、葡萄糖浆和转化糖在平底锅中煮沸。煮沸时，将混合物分三次倒在白巧克力上，用均质机搅拌均匀。加入剩余的液体奶油，搅拌，冷藏保存12小时。

马鞭草卡仕达酱

将牛奶加热至80℃。离火，加入洗净的马鞭草叶，盖上盖子浸泡20分钟。取出马鞭草叶，将牛奶煮沸。将蛋黄放入碗中，加入糖和玉米淀粉，搅拌。当牛奶沸腾时，将三分之一热牛奶倒入混合物中，马上用均质机搅拌均匀，将混合物倒回平底锅。一边搅拌一边加热，再次煮沸后加热2分钟。倒出混合物，盖上保鲜膜，放入冰箱冷藏。当混合物冷却至35℃时，加入切成小块的黄油。盖上保鲜膜，冷藏保存，直至使用。

油桃球

将油桃洗净并去皮（参见第34页）。取出桃核并切成块。使用均质机或小型搅拌机混合搅拌，制成质地均匀细腻的果泥。倒入半球形模具中，制作6个油桃球。使用前冷冻保存。预留出30克油桃果泥以制作油桃果酱。

油桃果酱

将油桃洗净并去皮（参见第34页技术部分）。将123克油桃果肉切丁。将切好的水果、30克油桃果泥、香草籽和5克糖放入平底锅中。加热直到水果煮熟。将剩下的糖与琼脂混合，放入混合物中，煮沸。从锅中倒出果酱，冷藏保存，直至使用。

脆饼干

混合软化的黄油和红糖。加入面粉，轻轻揉和均匀。将饼干面团铺在两张烘焙纸之间，厚度为1.5毫米。在准备泡芙面团时放入冰箱冷冻。

泡芙

将62克牛奶与黄油、盐和糖一起煮沸。离火，一次倒入面粉，用抹刀搅拌成均匀的糊状物。用小火加热，使面糊干燥，直到面糊从侧面脱落并且不再黏在抹刀上。离火，等待1分钟，然后逐渐加入打散的鸡蛋。混合搅拌，直到制成有光泽的糊状物。倒入热牛奶，最后搅拌一次。在烤盘上涂抹黄油，将混合物放入装有直径10毫米裱花嘴的裱花袋中。制作6个直径约5厘米的泡芙球。使用直径5厘米的饼干模具，切出饼干圆饼并将它们放在泡芙上。在预热至170℃的烤箱中烘烤，直到泡芙呈金黄色。置于烤架上冷却，直至装盘。

白巧克力片

取出白巧克力。将白巧克力切成小块放入碗中，在40～50℃水温下将其水浴融化。白巧克力融化后，将碗放在装满水和冰块的盆上，搅拌，以降低巧克力的温度。当温度降至25～26℃时，将碗放回锅中，将温度升至29～30℃。将白巧克力倒在塑料片上，盖上另一片塑料片，用擀面杖擀成厚度为1毫米的薄片。用直径为5厘米的饼干模具切出6个圆盘，置于室温环境中，直至使用。

果冻球

取出油桃球并扎上牙签。准备果冻时，将它们放回冰箱冷冻。将糖、水和琼脂混合加热至90℃。将油桃球浸入其中两次。放在盘子上，取出牙签。冷藏保存，直至使用。请在泡芙上桌前30分钟完成这个步骤。

装盘步骤

将香草甘纳许放入搅拌机中，打发。放入装有直径为8毫米裱花嘴的裱花袋中。将6个白巧克力圆盘放在盘子上，并在每个圆盘上像花瓣一样挤出香草甘纳许。将带皮的黄色和白色油桃切成小块。在每片甘纳许花瓣之间放置桃片，颜色交替。冷藏30～35分钟。用锯齿刀切开泡芙的顶部，挤入40克马鞭草卡仕达酱装饰，中间放入20克油桃果酱。将巧克力圆盘放在泡芙上。将果冻球放在花瓣中央，用小滤网轻轻撒上香草粉。

油桃奶油冰激凌

Brugnon melba

10人份

制备时间
2小时

烹饪时间
12小时

熟化时间
36小时

冷藏时间
12小时

保存时间
即刻享用

工具
搅拌机
过滤器
冰激凌勺
均质机
裱花袋+平嘴裱花嘴或圣
奥诺雷蛋糕裱花嘴
刨丝器
切片机
冰激凌机或雪葩机

原料

油桃冰激凌
1克明胶
30克砂糖
22克水
1根香草荚
100克去核油桃

新鲜杏仁调味酱
20克去壳新鲜杏仁
125克全脂牛奶
12克砂糖
1克NH果胶
1克玉米淀粉

水煮油桃
4个油桃
500克水
150克砂糖

树莓干
10克树莓

尚蒂伊鲜奶油
60克+60克脂肪含量为
35%的液体奶油
12克细砂糖
1/4根香草荚
12克橙花
28克马斯卡彭奶酪
1.25克明胶

装饰
橄榄油适量
完整的杏仁若干
酢浆草若干

油桃冰激凌

将明胶浸泡在冷水中。将水、糖与香草籽一起煮沸。关火，加入浸泡好的明胶。室温放置20分钟。当混合物温度降至40℃时，加入油桃丁，然后在搅拌机中混合搅拌。在混合物放入冰激凌机前，需冷藏静置12小时。

新鲜杏仁调味酱

将杏仁放入温热的牛奶中，然后将所有配料放入搅拌机中搅碎并混合均匀。让混合物在冰箱中静置24小时。过滤出残渣，向滤出物中加入牛奶，制成重量为145克的杏仁奶。在平底锅中倒入杏仁奶，然后加入糖、果胶和淀粉。文火加热，一边加热一边搅拌。从锅中倒出，盖上保鲜膜，冷藏保存，直至使用。

水煮油桃

将油桃洗净并切成两半，去核。在平底锅中，用文火将水和糖煮沸，制成糖浆。当糖浆降至80℃时，将油桃放入其中煮20分钟，然后熄火，让它们在糖浆中冷却至室温。小心剥去油桃皮，将其放在铺有烘焙纸的烤盘上，放入预热至50℃的烤箱中烘干12小时。糖浆冷藏保存，直至使用。

树莓干

将树莓洗净并切成两半。放在衬有烘焙纸的烤盘上，在预热至60℃的烤箱中烘烤12～24小时，具体可以视烤箱和树莓的情况决定。也可以使用果干机。烤干后，将树莓捣碎，放在密封盒中保存。

尚蒂伊鲜奶油

将60克加糖的奶油、香草荚的香草籽和橙花在平底锅中煮沸。加入明胶。倒在马斯卡彭奶酪上并搅拌。最后加入剩余的冷奶油。放入冰箱冷藏12小时。

装盘步骤

在深盘的中央，放一汤匙新鲜杏仁调味酱。将半个水煮油桃放在上面，果核的一面朝下，在中间放一勺冰激凌，然后盖上另一半水果，果核的一面朝上。使用装有平口裱花口或圣奥诺黑裱花口的裱花袋挤上鲜奶油。将水煮油桃糖浆倒在周围，然后滴上几滴橄榄油。点缀一些树莓干和一些酢浆草。用切片机切一些杏仁片。在上面撒一些杏仁片，在旁边放两张干油桃皮。

主厨小窍门

把盘子放在旋转蛋糕盘上，能够制作出完美的鲜奶油装饰。

黄香李意式奶冻

Panna cotta à la mirabelle

8人份

制备时间
1小时

烹饪时间
10~12分钟

冷冻时间
40分钟

保存时间
24小时

工具
8个玻璃杯
弯柄刮刀
擀面杖
布袋茶包
硅胶垫
按需选择温度计

原料

黄香李果酱
400克黄香李
30克迷迭香
60克蜂蜜

意式奶冻
10克明胶
770克脂肪含量为35%的液体奶油
75克砂糖
2根香草荚

酥脆颗粒
35克黄油
35克糖粉
45克玉米淀粉
22克杏仁粉
1克海盐
35克白巧克力
5克杏仁糖
35克爆米花

卷曲脆饼
25克软黄油
25克糖粉
25克蛋清
25克面粉

装饰
新鲜黄香李若干
1枝迷迭香

主厨小窍门

为避免奶冻在装盘时冻结,可将意式奶冻冷藏,冷却至10℃时切开。

黄香李果酱

将黄香李洗净,切成两半并去核。将迷迭香放入茶包中,然后在平底锅中加入蜂蜜和黄香李,直至熬成果酱。取出迷迭香茶包,放凉。

意式奶冻

将明胶浸泡在冷水中。将香草荚分开,取出香草籽。在平底锅中,将奶油、糖和香草籽一起浸泡15分钟。加热到60℃时,加入浸泡好的明胶。在冰水中将一半奶冻降温至10℃左右,使香草籽保持悬浮状态。

酥脆颗粒

将黄油、糖、淀粉、杏仁粉和盐混合,制成油酥。将油酥铺在衬有烘焙纸的烤盘上,然后放入预热至160℃的烤箱中烘烤15分钟。取出待油酥冷却后,将其分成小块。将白巧克力和杏仁糖在平底锅中水浴融化,然后加入爆米花和油酥碎搅拌。

卷曲脆饼

混合所有配料。用擀面杖将面团擀平,摊在硅胶垫上,放在烤盘上,并在预热至170℃的烤箱中烘烤10~12分钟。从烤箱里取出后立刻脱模,将面片略微卷曲。

装盘步骤

将50克果酱放入玻璃杯底部,然后放入冰箱冷冻10分钟。在玻璃杯中倾斜摆放。倒入50克意式奶冻,然后将玻璃杯放入冰箱冷冻15~20分钟。将玻璃杯向另一侧倾斜摆放,倒入50克意式奶冻,使奶冻形成V形的效果,再次放入冰箱冷冻15分钟。把酥脆颗粒放在中间,放上一些切成两半的新鲜黄香李和一小枝迷迭香。放上卷曲脆饼装饰。

李子馅面包

Chausson à la prune reine-claude

6人份

制备时间
7小时30分钟

冷藏时间
6小时

烹饪时间
20分钟

工具
均质机
刷子
料理机
擀面杖
馅饼刀

原料

传统干层酥
面团
400克面粉
筛子
200克水
12克精盐
60克软黄油
3克白醋
包裹黄油
350克咸黄油

李子果酱
350克李子
40克砂糖
20克黄油
1根香草荚

焦糖粉
100克砂糖

蛋黄液
50克鸡蛋
40克蛋黄
50克牛奶

传统干层酥

将面团配料倒入料理机中，混合搅拌，直至获得均匀的混合物。在面团上下垫上烘焙纸，将面团擀成40厘米×20厘米的长方形。放入冰箱冷藏30分钟以上。在面团中包裹黄油，擀成边长20厘米的正方形。在室温下静置1小时。将软黄油放在面团上，将其对折并封好边缘。将面团划分为三等份，将两侧向中间折叠，然后将面团转90度使收口处向下放置。用保鲜膜包裹并冷藏静置2小时。重复以上步骤两次，每次完成后静置2小时。使面团叠三圈。

李子果酱

用砂糖做干焦糖。当它变成金黄色时，加入黄油并充分融化。加入洗净并切成两半的李子和香草籽。用小火煮约15分钟，从锅中取出。

焦糖粉

在平底锅中将糖融化，直到呈焦糖金色。将焦糖倒入铺有烘焙纸或硅胶垫的盘子上。静置冷却，放入均质机中制成糖粉。

装盘步骤

将面团擀成4毫米厚的面饼。用馅饼刀切出6个馅饼皮。用擀面杖将馅饼皮擀长。混合鸡蛋、蛋黄和牛奶制成蛋黄液，用刷子在面团的边缘刷蛋黄液，以便封口。放入50克李子果酱，然后将馅饼皮折叠封口。翻面，放在衬有烘焙纸的烤盘上。烘烤至着色后，放入冰箱冷藏1小时。再次刷蛋黄液，然后用刀尖自面包底部划出辐射状线条。在预热至175℃的烤箱中烘烤30分钟。从烤箱中取出，撒上焦糖粉，再放入烤箱烤5分钟，让焦糖融化。

黄李子克拉芙缇蛋糕

Clafoutis aux prunes jaunes

5人份

制备时间
15分钟

烹饪时间
30分钟

保存时间
2天

工具
直径18厘米，高5厘米的
圆形烤盘
刷子

配料
20克半咸软黄油
20克砂糖
适量糖粉

克拉芙缇蛋糕
540克黄李子
1.5个鸡蛋
48克砂糖
1根香草荚
48克杏仁粉
64克T55面粉
160克全脂牛奶
40克新鲜奶油
40克半咸黄油

将黄李子洗净并切半。将鸡蛋、糖和香草籽混合搅拌。加入面粉、牛奶和奶油。加入软化的黄油。

将半咸软黄油涂抹在烤盘上。倒入混合物，用叉子在底部扎孔，撒糖。放入切半的黄李子。

放入预热至210℃的烤箱中烘烤10分钟，然后将烤箱温度调至180℃，烘烤20分钟。烘烤结束后，冷却至室温，撒上糖粉。

主厨小窍门

克拉芙缇蛋糕适宜搭配香草掼奶油一起享用。将150克脂肪含量为35%的液体奶油与10克糖粉和香草籽一起搅打，可制作成香草掼奶油。

紫李子巴斯克蛋糕

Gâteau basque aux quetsches

6人份

制备时间
1小时

烹饪时间
40分钟

冷冻时间
30分钟

保存时间
2天

工具
直径16厘米的圆形模具
刷子
切片机
料理机
烤箱用食品硅胶模具
弯柄抹刀
硅胶垫
温度计

配料

油酥面团
200克面粉
8克发酵粉
2克海盐
130克糖
140克黄油
70克蛋黄
半个柠檬的皮

紫李子卡仕达酱
200克紫李子
30克鸡蛋
15克糖
15克玉米淀粉
6克黄油

蛋黄液
1个蛋黄

装饰
适量紫李子果酱

油酥面团

在料理机中，混合面粉、发酵粉、海盐、糖和黄油，直到混合物呈砂粒状。加入蛋黄和柠檬皮，搅拌成糊状。冷藏保存。擀成直径16厘米，厚2毫米的圆形面饼，冷冻备用。擀出另外两个直径16厘米，厚3毫米的面饼。然后擀出一个直径16厘米，厚5毫米的面饼，并在中心位置留出直径12厘米的圆洞。使用前冷冻保存。

紫李子卡仕达酱

将紫李子洗净切开并去核。放入搅拌机，搅碎制成果泥。取150克果泥，放入平底锅中加热。放入蛋液、糖和淀粉，煮开。将一些果泥倒在蛋液中，使混合物变稀。将混合物倒回平底锅，煮沸后继续煮1分钟。加入黄油。放入冰箱快速冷却。

巴斯克十字镂空面团

在可放入烤箱的食品级硅胶垫上裁切出一个直径约14厘米的巴斯克十字。将镂空的硅胶垫模板放在经过冷冻的2毫米厚面团的中心位置，用刀沿着模板的轮廓切出巴斯克十字形的面团。将巴斯克十字镂空面团留存备用。

装盘步骤

将直径16厘米的圆形模具与巴斯克十字镂空面团一起放在烤盘上。用刷子在模板上刷蛋黄液，然后放上3毫米厚的面团，再次刷蛋液，放入5毫米厚并留有圆洞的面团。取150克紫李子卡仕达酱，挤进直径为12厘米的孔中，用弯柄抹刀抹平，然后在面团的边缘刷蛋黄液。放入一块厚3毫米的面团为巴斯克蛋糕封底。放入预热至170℃的烤箱中烘烤30～40分钟。烘烤结束后，静置10分钟，然后将蛋糕倒转，使巴斯克十字模板朝上。装盘，并用紫李子果酱（请参阅第96页）装饰。

主厨小窍门

- 要在蛋糕顶部制成如图示的方格图案，请在烤盘上先放置一个有纹理的硅胶烤垫，然后再将蛋糕的圆形模具放在上面。

- 巴斯克十字模板需要从硅胶烤垫上裁切下来，因此请购买价格低廉的硅胶烤垫，然后从中切出不同形状的模板，以用于制作其他蛋糕。

节庆樱桃

Jubilé de cerises

6人份

制备时间
1小时

烹饪时间
10分钟

冷藏定型时间
12小时

工具
均质机
弯柄抹刀
硅胶垫
温度计
冰激凌机或雪葩机

原料

香草冰激凌
370克全脂牛奶
2个香草荚
23克奶粉
74克砂糖
14克葡萄糖
67克脂肪含量为35%的
液体奶油
67克蛋黄
3克稳定剂
47克葡萄糖粉

脆饼
55克蛋清
45克糖粉
25克面粉
200克水
22克黄油
2克盐

水煮樱桃
60克蜂蜜
70克粗红糖
600克樱桃
200克樱桃果泥
60克黄油
50克樱桃酒

香草冰激凌

将香草荚分开，刮出香草籽。在平底锅中，加热全脂牛奶，放入香草籽。加热至25℃时，加入奶粉。至30℃时，加入糖和葡萄糖。至35℃时，倒入奶油和蛋黄。至45℃时，加入与葡萄糖混合的稳定剂。至85℃时取出，混合搅拌并在冰箱中冷却。冷藏静置12小时。搅拌混合物并放入冰激凌机。

脆饼

将烤箱预热至170℃。在蛋清中加入糖粉和面粉，搅拌。将水、黄油和盐一起煮沸。将蛋清混合物倒入平底锅中，煮沸。用弯柄抹刀取出混合物，在硅胶垫上铺薄薄一层。煮大约10分钟。冷却后切块。

水煮樱桃

用平底锅融化蜂蜜和红糖。加入洗净、切开并去核的樱桃。搅拌并稍微煮熟樱桃。用樱桃果泥融化锅底的焦糖。浓缩收汁并加入黄油。淋入樱桃酒。

装盘步骤

将水煮樱桃与香草冰激凌放入盘中，点缀脆饼。

黑森林蛋糕

Forêt-noire

8人份

制备时间
2小时30分钟

烹饪时间
10分钟

冷冻时间
1晚

保存时间
2天

工具
烘焙喷砂机
塑料片
24厘米×10厘米，高8.3
厘米的树桩蛋糕硅胶模具
弯柄抹刀
无裱花嘴的裱花袋
料理机
擀面杖
三角抹刀
温度计

原料

巧克力饼干
18克可可含量为64%的
曼特尼巧克力
33克软黄油
20克糖粉
63克蛋黄
10克面粉
3克可可粉
53克蛋清
20克砂糖

樱桃果冻
100克樱桃果泥
6克NH果胶
20克砂糖
300克樱桃
15克樱桃酒

马斯卡彭奶酪尚蒂伊鲜奶油
16克马斯卡彭奶酪
100克脂肪含量为35%的液体奶油
10克糖粉
1/3根香草荚

巧克力慕斯
120克+230克脂肪含量为35%的液体奶油
30克全脂牛奶
30克糖
90克蛋黄
140克可可含量为64%的曼特尼巧克力

巧克力块
500克可可含量为64%的曼特尼巧克力（Manjari）

巧克力喷砂
70克可可含量为64%的曼特尼巧克力
30克可可脂

装饰
樱桃若干（新鲜樱桃或糖渍樱桃）

巧克力饼干

将巧克力隔水加热至融化。放入料理机中，加入黄油和糖粉，搅拌，制成奶油质地的混合物。加入蛋黄并搅拌，直到打发。加热至35℃，使巧克力融化，然后加入面粉和可可粉。在蛋清中加糖，打发，用以制作蛋白酥。将打发的蛋白放入之前的混合物中拌匀。将饼干铺在衬有烘焙纸的烤盘上，然后在预热至180℃的烤箱中烘烤10分钟。

樱桃果冻

在平底锅中加热樱桃果泥，然后加入果胶和糖的混合物。煮沸，加热30秒。加入去核并切成四瓣的新鲜樱桃，然后倒入樱桃酒拌匀。从锅中取出，冷藏保存，直至使用。

马斯卡彭奶酪尚蒂伊鲜奶油

将香草荚分开，刮出香草籽。加入用少许液体奶油软化的马斯卡彭奶酪中。加入其余配料和淡奶油，以免太硬。

巧克力慕斯

用平底锅加热120克液体奶油和加一半糖的牛奶。将剩下的糖和蛋黄放入碗中，隔水加热。当奶油沸腾时，倒一些在隔水加热的蛋黄上，搅拌。把混合物倒回平底锅，同时用抹刀搅拌，煮至温度达到83～85℃。倒在碗中切成块的巧克力上，使巧克力融化，混合均匀。将碗放在冰水中，将温度降至35℃。搅打剩余的液体奶油，制成略微打发的奶油，然后将其加入巧克力混合物中。

巧克力块

将巧克力置于常温环境中。将切成小块的巧克力放入碗中，水浴加热至50℃。巧克力融化后，将其中三分之二倒在大理石板上以降低温度。用弯柄抹刀和三角抹刀，将外层巧克力抹到内层。重复这个步骤以降低温度。当温度降低到28～29℃时，升温。将融化的巧克力与剩余的热巧克力一起放回碗中，直到温度达到31～32℃。将温热的巧克力倒在塑料纸上，盖上塑料纸，然后用擀面杖擀开。切出5个比模具小1厘米的长方形。

巧克力喷砂

将切成小块的巧克力和可可脂水浴融化。倒入喷枪，调整至45℃使用。

装盘步骤

倒入第一层约0.5厘米厚的巧克力慕斯。依次放置2块巧克力块、一层马斯卡彭奶酪尚伊蒂鲜奶油、1块巧克力、樱桃果冻、1块巧克力、一层新的马斯卡彭奶油、最后加一块巧克力并用巧克力慕斯封顶。用与模具尺寸一致的饼干盖住。冷冻保存一晚。次日脱模，用喷枪制作巧克力绒面，并用樱桃装饰。

塔贾斯卡橄榄千层面包

Pains feuilletés aux olives Taggiasche

制作12块面包
（6人份）

制备时间
7小时30分钟

静置时间
1小时30分钟

冷藏时间
6小时

烹饪时间
20分钟

保存时间
3天

工具
直径6.5厘米的玛芬蛋糕
模具
搅拌机
料理机
擀面杖
小筛子
刷子
弯柄抹刀
温度计

原料

面包片
面团
400克T65面粉
216克水
7克盐
4克鲜酵母
包裹黄油
145克咸黄油

榛子黄油
50克黄油
4克海盐

普罗旺斯橄榄酱
125克塔贾斯卡橄榄
8克刺山柑
32克鳀鱼脊肉
1/2个蒜瓣
40克橄榄油

主厨小窍门

- 将50克杏仁粉在预热至160℃的烤箱中烘烤10分钟。放入橄榄酱中，会使橄榄酱性质更稳定，避免出现沉淀，并令橄榄酱的味道更丰富。
- 在橄榄酱中加入一些新鲜的罗勒叶也可以起到相同效果。

面包片

将面团配料倒入料理机中，低速搅拌约6分钟，直至获得均匀的混合物。面团温度为27℃时，盖上盖子，静置1小时。用面团包裹黄油，擀成边长15厘米的正方形。盖上保鲜膜并在常温环境下静置30分钟。将面团擀成30厘米×20厘米的长方形。用保鲜膜包裹并冷藏2小时。将黄油放在面团上，将其对折并封好边缘。将面团转90度，使收口处向下。将面团擀成40～45厘米长并划分为三等份，将两侧向中间折叠，然后将面团转90度，使收口处向下（使面团叠一圈）。用保鲜膜包裹并冷藏2小时。重复折叠面团的步骤（使面团再叠一圈）。用保鲜膜包裹并重新冷藏2小时。

榛子黄油

在锅中加热黄油。当黄油呈淡金色，停止加热。加盐，混合搅拌。过筛。

普罗旺斯橄榄酱

将所有配料放入搅拌机中，混合搅拌后取出。

装盘步骤

将面团擀成42厘米×26厘米，厚3.5厘米的长方形。使用弯柄抹刀将橄榄酱在面饼上铺薄薄的一层。切出12条3.5厘米×26厘米的面条。将它们卷起来并放入直径为6.5厘米的模具中。在26℃的环境下放置2小时。用榛子黄油刷面包卷。放入预热至250℃的无蒸汽烤箱，烘烤20分钟。

梨果类水果

反转苹果挞

Tarte tatin

4人份

制备时间
40分钟

烹饪时间
55分钟

冷冻时间
10分钟

冷藏时间
1小时

保存时间
2天

工具
直径16厘米的圆形挞派模具
直径8厘米的饼干模具
塑料片
切片器
直径16厘米高5厘米的弹簧扣蛋糕模具
刷子
裱花袋+直径16毫米的裱花嘴

原料

烘焙糖浆
600克苹果
1/4个柠檬
220克水
125克砂糖
125克黄油
1.5根香草荚

焦糖
55克砂糖
15克黄油
4克橄榄油
1.5根香草荚
0.3克肉桂粉

斯派库鲁斯饼干
35克黄油
21克蔗糖
21克棕糖或粗红糖
4个鸡蛋
70克T65小麦面粉
1克发酵粉
3.4克橙子皮
0.4克盐
1.4克肉桂粉
0.7克肉豆蔻
0.3克丁香粒
0.7克绿茴香籽
0.7克四香粉
3.5克全脂牛奶

重制斯派库鲁斯饼干
45克黄油
160克斯派库鲁斯饼干颗粒（如上）

香草奶油
15克脂肪含量为35%的液体奶油
8克鲜奶油
10.5克糖粉
1根香草荚

装饰
100克无色淋面
10克可可含量为35%科特迪瓦巧克力
20克青苹果

烘焙糖浆

将苹果洗净并去皮。切成四块，然后用小刀去核。将苹果块放入加了少许柠檬的水中。分开香草荚，刮出香草籽。在平底锅中将水煮沸，加入糖与香草籽。黄油融化后，用小火加热。在糖浆中将苹果块煮软。将苹果块放置在烤架上沥干糖浆，然后盖上保鲜膜，常温保存。

焦糖

向平底锅中倒入糖，加热，制成棕色的焦糖。加入水、黄油和橄榄油，加热，然后加入香料。将热焦糖倒入模具底部。将糖浆苹果块放在焦糖上，螺旋摆放。放入预热至160℃的烤箱，烘烤20分钟。放凉并小心沥干多余的糖浆。冷藏保存，直至使用。

斯派库鲁斯饼干

将黄油和糖打发。一个一个地加入鸡蛋，然后加入面粉、发酵粉、橙子皮、盐和香料。最后加入牛奶。用手掌和面，直至制成均匀的面团。将面团放在烘焙纸上，盖上另一张烘焙纸，然后将面团擀成3～4毫米厚的面饼。在冰箱中再静置1小时。取出后放入预热至155℃的烤箱中，烘烤约25分钟。取出静置冷却。用搅拌机制成直径约2毫米大小的颗粒。

重制斯派库鲁斯饼干

融化黄油，用抹刀一边搅拌一边倒在混合好的饼干颗粒上。将饼干颗粒填充在直径16厘米的圆形挞派模具里，并用勺背向下压实。冷藏保存，使油脂凝固。

香草奶油

分开香草荚，刮出香草籽。混合搅拌所有配料。放入装有16毫米直径裱花嘴的裱花袋中，冷藏保存。

装饰

将巧克力在45℃下融化，然后将其薄薄地铺在塑料纸上，盖上另一张塑料纸。冷冻几分钟使巧克力降温凝固。当巧克力变硬后，取下上层塑料纸，然后用稍加热的直径8厘米的曲奇模具切出圆片。将巧克力圆片冷冻保存。开始准备苹果。将青苹果洗净，用切片器切成薄片，放入柠檬水中，以防止氧化变色。沥干青苹果片，然后将其排列在冷冻过的巧克力盘上，螺旋摆放。切掉巧克力圆盘上多余的苹果。

装盘步骤

将重制斯派库鲁斯饼干放在直径为16厘米的圆形纸板或展示盘上。将煮软的苹果块取出，放在重制斯派库鲁斯饼干上。用25克水将糖浆加热至60℃。用刷子将糖浆刷在苹果块上。也可以使用喷枪喷在苹果挞上。在中央将巧克力圆盘放在上面。在苹果的中央放一点香草奶油，可将剩余的奶油装在小碗中，搭配食用。

主厨小窍门

在热源上稍微加热模具底部，可以使焦糖苹果更容易脱模。

顿加豆苹果花朵奶酥蛋糕

Crumble fleur de pomme tonka

6人份

制备时间
2小时

冷藏时间
30分钟

烹饪时间
15分钟

保存时间
24小时

工具
切片器
刨丝器
注射器或滴管
筛子
温度计

原料

苹果酱
500克苹果
8克黄油
50克糖
1根香草荚
1个顿加豆

顿加豆杏仁奶酥块
60克黄油
30克红糖
35克杏仁粉
45克面粉
1/2个顿加豆

苹果鱼子酱
1/2升葡萄籽油
25克水
25克糖
115克苹果汁
4克琼脂

苹果装饰
4个青苹果
100克青苹果汁或另加
10克柠檬汁

苹果酱

将苹果去皮去核，切成边长1厘米的小方块。将苹果块与其余配料一起用平底锅煮熟，制成苹果酱（参见第94页）。

顿加豆杏仁奶酥块

混合所有配料。用保鲜膜包裹，冷藏保存约30分钟。在衬有烘焙纸的烤盘上切成小块，然后放入预热至170℃的烤箱烘烤15分钟。

苹果鱼子酱

将葡萄籽油倒入碗中，放入冰箱冷藏，降温至4℃。将水和糖煮沸制成糖浆。向糖浆中倒入苹果汁与琼脂，混合搅拌。煮沸后加热30秒。用注射器或滴管将苹果汁混合物滴入冷葡萄籽油中。用筛子筛出苹果鱼子酱颗粒，然后用冷水冲洗掉葡萄籽油。

苹果装饰

将青苹果洗净并切成四瓣。去核，切成约1毫米厚、2厘米高的苹果片。将苹果片浸入青苹果汁和柠檬汁的混合物中。

装盘步骤

将青苹果片摆放成花朵的形状。在一个深盘中，放入约20克奶酥块，浇上热苹果酱。将苹果片排列成玫瑰花的形状。把苹果玫瑰花放在上面，放入苹果鱼子酱进行装饰。

主厨小窍门

可使用饼干模具来制作苹果片玫瑰。

梨子提拉米苏

Tiramisu aux poires

6人份

制备时间
7小时30分钟

烹饪时间
20分钟

冷藏定型时间
12小时

浸渍时间
20分钟

冷藏时间
12小时

保存时间
24小时

工具
筛子
直径5厘米的饼干模具
塑料纸
均质机
漏勺
裱花袋+直径8毫米的裱花嘴
奶油发泡器+
2个气弹
弯柄抹刀
硅胶垫
温度计
冰激凌机或雪葩机

原料

梨子雪葩
50克水
7克柠檬汁
42克砂糖
22克葡萄糖
1.5克稳定剂
250克梨子果泥

巧克力饼干
50克可可含量为50%的
黑巧克力
15克黄油

25克杏仁含量为50%的
杏仁膏
12克蛋黄
63克蛋清
23克砂糖

可可浸渍糖浆
50克水
50克砂糖
10克可可粒
10克可可粉

巧克力奶油
62克全脂牛奶
63克脂肪含量为35%的
液体奶油
20克蛋黄
20克砂糖
55克可可含量为70%的
黑巧克力

香草梨子丁
1个梨
20克柠檬汁
1个香草荚

马斯卡彭奶酪泡
150克鸡蛋
50克粗红糖
250克马斯卡彭奶酪
1根香草荚

巧克力装饰
300克可可含量为66%
的黑巧克力

摆盘装饰
2个梨

装饰
可可粉

梨子雪葩

将水、柠檬汁和四分之三的糖在平底锅中加热。将剩余的糖与葡萄糖粉和稳定剂混合搅拌。放凉后加入梨子果泥。放入冰激凌机前，需冷藏静置12小时。

巧克力饼干

将烤箱预热至180℃。在50～55℃的温度下将巧克力和黄油隔水加热至融化。在微波炉中将杏仁膏软化20秒，加入蛋黄并搅拌，使杏仁膏质地变稀。将杏仁膏和蛋黄的混合物搅拌均匀后，加入融化的巧克力和黄油的混合物。用打蛋器将蛋清打发，加糖，使蛋清质地更紧实。用抹刀搅拌两种混合物。用弯柄抹刀均匀涂抹在覆盖有硅胶垫的烤盘上。烘烤7～8分钟，取出并放在烤架上冷却。

可可浸渍糖浆

在水中放入糖和可可粒，煮沸。在包裹保鲜膜的平底锅中静置20分钟。过筛，加入可可粉。混合搅拌。

巧克力奶油

在平底锅中加热牛奶和奶油。将糖和蛋黄打发。牛奶煮沸时，将部分牛奶和奶油的混合物倒在蛋黄和糖的混合物上，搅拌，然后将混合物倒回平底锅。放入切成小块的巧克力，加热至83℃。将混合物用均质机搅拌均匀。取出，将混合物在冰箱中放置12小时以上（可提前一天准备）。

香草梨子丁

将梨去皮并切成小丁（边长2毫米的正方体）。加入柠檬汁和香草籽。

马斯卡彭奶酪泡

用打蛋器打发鸡蛋和红糖，然后隔水加热。用打蛋器将含有香草荚颗粒的马斯卡彭奶酪软化，然后用抹刀将其拌入打发的鸡蛋中。将混合物倒入虹吸瓶中，冷藏保存。

巧克力装饰

取出黑巧克力。将巧克力切成小块放入碗中，在50℃水温下将其水浴融化。巧克力融化后，将碗放在装满水和冰块的盆上。搅拌，以降低巧克力的温度。当巧克力达到28～29℃时，将碗再次水浴加热，将温度升至31～32℃。将巧克力倒在塑料片上，然后盖在另一张塑料片上。在巧克力完全凝固前，切出底边约2厘米、边长约9厘米的长三角形。

摆盘装饰

将梨洗净，然后用锋利的刀切成宽1厘米、长5～6厘米的梨条。

装盘步骤

用直径5厘米的曲奇模具切出巧克力饼干，将其浸泡在可可糖浆中，然后放在盘子上，稍微偏离中心。将巧克力奶油放入装有直径8毫米裱花口的裱花袋中，并在浸泡过的饼干上制作一个螺旋。盖上梨子丁。向装入马斯卡彭奶酪的奶油发泡器中填充气弹，然后将奶油发泡器平放。将半勺梨子雪葩放在梨子丁上，然后用马斯卡彭奶酪泡盖住。用梨条和巧克力进行装饰。用漏勺撒上可可粉。

法式糖渍梨

Poire façon Belle-Hélène

8人份

制备时间
45分钟

冷藏定型时间
12小时

烹饪时间
15分钟

冷藏时间
30分钟

冷冻时间
1小时

保存时间
3天

工具
纱布
直径5厘米圆形饼干模具
直径3厘米的圆形饼干模具
直径2厘米长10厘米的管
形模具
外环直径7.5厘米、内环直
径6厘米的环形硅胶模具
刨丝器
硅胶垫
温度计
冰激凌机或雪葩机

原料

香草鸡蛋冰激凌
133克全脂牛奶
33克脂肪含量为35%的
液体奶油
37克砂糖
33克蛋黄
1/2根香草荚

杏仁脆片
18克杏仁片
16克砂糖
4.5克T65面粉
5.5克蛋清
1/2根香草荚
4.5克黄油

法式糖渍梨酱汁
140克全脂牛奶
126克脂肪含量为35%
的液体奶油
28克砂糖
168克可可含量为70%
的瓜纳拉黑巧克力
21克黄油
1.4克顿加豆

糖渍梨
1.6千克水
500克砂糖
2个香草荚
2克柠檬汁
2克柠檬皮
1根肉桂
8个新鲜的梨

苹果丁
100克青苹果
1/2根香草荚
10克青柠檬汁
3克青柠檬皮

香草鸡蛋冰激凌

在平底锅中加热牛奶和奶油。在碗中打发蛋黄和糖。分开香草荚，刮出香草籽。将糖和香草籽放入牛奶和奶油的混合物中。将煮沸的牛奶倒在打发的蛋黄中，加热至83℃。过筛，盖上保鲜膜并放在冰箱中快速冷却。冷藏放置12小时。放在20厘米×30厘米的盘中，放入冰箱中冷冻。放入冰激凌机，然后将冰激凌放在环形模具中。放入冰箱冷冻，直到摆盘时取出。将剩余的冰激凌铺在板上，5毫米厚，然后放入冰箱使其充分硬化。用直径5厘米的饼干模具将冰激凌切出圆盘，并用直径3厘米的饼干模具切掉中间圆形部分，制成圆环。使用前冷冻保存。

杏仁脆片

将所有干性配料混合在一起。加入蛋清，然后加入融化的黄油。用抹刀混合搅拌。在铺有硅胶垫的盘子上，将10克混合物分成8份，并以不规则的方式薄薄地铺开，盖上另一个硅胶垫。在预热至150℃的烤箱中烘烤8分钟。将杏仁片从烤箱里拿出来。这时，杏仁片是半熟的，立即用直径5厘米的饼干模具在每个杏仁片的中心切出一个圆洞，然后调整烤箱温度到160℃烘烤5分钟。

法式糖渍梨酱汁

加热牛奶、奶油和糖。煮沸后，倒在巧克力上并搅拌。加入黄油和顿加豆。用均质机进行搅拌，留存待用。

糖渍梨

将香草荚分开，刮出香草籽。将水、糖、香草籽、柠檬汁、柠檬皮和肉桂煮沸，制成糖浆。调到小火。将梨洗净并去皮。把处理过的梨浸入糖浆，煮约15分钟，盖上一张烘焙纸。用刀尖戳梨子，如果阻力很小，就表示梨子已经煮熟了。关火，冷却至室温。

苹果丁

把苹果洗干净，连皮切成小块。将香草荚分开，刮出香草籽。将香草籽、青柠檬汁和青柠檬皮加入苹果丁中。混合搅拌。使用去核器从下方将梨去核，并用苹果丁填充。

装盘步骤

在平底锅中加热酱汁。将香草鸡蛋冰激凌大环放在汤盘底部，将糖渍梨放在上面。将冰激凌小环穿在梨的顶部，使其略微倾斜，然后放上杏仁脆片。将法式糖渍梨酱汁倒入盘子中。

榅桲闪电泡芙

Éclairs aux coings

制作6个榅桲闪电泡芙

制备时间
2小时

烹饪时间
1小时10分钟

冷冻时间
2小时

保存时间
24小时

工具
6个13厘米×25厘米大小、2.5厘米高的椭圆形模具
裱花袋+直径15毫米裱花嘴
抹刀
筛子

原料

泡芙
60克水
65克牛奶
3克盐
50克黄油
75克面粉
125克鸡蛋

榅桲果冻
1千克榅桲
1千克糖
4克酸性液体（即2克水和2克酒石酸）

榅桲挞
80克黄油
200克糖
600克榅桲果冻方块

装饰
250克依思尼浓奶油
嫩叶若干

泡芙

　　将水、牛奶、盐和切成小方块的黄油在平底锅中煮沸。关火，一次性加入过筛的面粉，用抹刀用力搅拌。小火加热平底锅，使面糊变干。搅拌10秒钟，直到面糊不再黏在锅边上。关火，将面糊倒入盆中。用抹刀逐个将鸡蛋加入面糊中。搅拌，直到制成均匀的混合物。用抹刀在混合物中划一条沟，以检查黏稠度。如这条沟慢慢合上，则黏稠度适宜。如需调整，可加入鸡蛋。将泡芙面团放入裱花袋中，将长12厘米的泡芙面糊挤在涂抹过少量黄油的烤盘上。放入预热至180℃的烤箱中，烘烤30～40分钟。注意，在烘烤的前20分钟不要打开烤箱门。

榅桲果冻

　　将榅桲切成边长1厘米的小方块来制作榅桲果冻（参见第104页）。保留这些榅桲块，用来制作榅桲挞。

榅桲挞

　　在平底锅中加热糖，制成干焦糖。关火，加入黄油，搅拌均匀。向每个模具中倒入35克焦糖，然后放入榅桲果冻。放入预热至160℃的烤箱中，烘烤30分钟。放入冰箱冷藏2小时左右，以便脱模。

装盘步骤

　　将泡芙横切成两片。刷薄薄一层依思尼浓奶油，用少许榅桲果冻装饰，然后将榅桲挞放在上面。再用依思尼浓奶油和嫩叶点缀。

无花果红葡萄酒冻搭配
斯蒂尔顿冰激凌

Figues sur gelée de vin rouge et crème glacée au stilton

6人份

制备时间
1小时

烹饪时间
10分钟

冷藏定型时间
12小时

冷藏时间
1小时

保存时间
即刻享用

工具
打蛋器
均质机
边长5厘米的秋叶图案打
孔器
烘焙喷砂机
搅拌机
弯柄抹刀
硅胶垫
温度计
冰激凌机或雪葩机

原料
6个新鲜无花果
100克核桃仁
60克葡萄干
水芹叶若干

红葡萄酒冻
300克来自原产地的莫里
葡萄酒或茶色波特酒
14克明胶

斯蒂尔顿奶酪冰激凌
200克来自原产地的斯蒂
尔顿奶酪
238克全脂牛奶
190克脂肪含量为35%
液体奶油
76克鸡蛋
30克砂糖
19克蜂蜜

秋叶
1片面饼
100克可可脂
8克天然红色色素粉
8克天然黄色色素粉

红葡萄酒冻

用冷水浸泡明胶。在锅中加热葡萄酒。关火，加入浸泡好的明胶。立刻倒入准备上桌的餐盘中。

斯蒂尔顿奶酪冰激凌

将斯蒂尔顿奶酪切开。在平底锅中加热牛奶和奶油。用打蛋器打发鸡蛋和糖，倒入三分之一的牛奶混合物。搅拌，重新倒入锅中，加热至83℃。加入斯蒂尔顿奶酪和蜂蜜。冷藏静置12小时，放入冰激凌机，然后冷冻保存。

秋叶

使用秋叶图案打孔器，将面饼打孔制作6片秋叶。将可可脂隔水加热至融化，分成两份，将一半可可脂与红色食用色素混合，另一半与黄色食用色素混合。加热至30℃，使用烘焙喷砂机将秋叶上色，制作出渐变效果。

装盘步骤

将红葡萄酒冻倒入盘底，放入冰箱冷藏1小时以上。上桌前，将无花果切成四等份，然后将这些无花果块放在凝固的红葡萄酒冻上。在旁边装饰一颗斯蒂尔顿冰激凌球，然后在上面放一片喷砂的秋叶。撒上若干葡萄干、核桃仁和几片水芹叶。冷藏后食用。

哈密瓜西班牙冷汤

Gaspacho de melon

6人份

制备时间
30分钟

冷藏时间
2小时

保存时间
2天

工具
均质机
叶片形状的硅胶模具
弯边托盘

原料
4片伊比利亚火腿
若干罗勒叶

哈密瓜西班牙冷汤
1千克哈密瓜
15片罗勒叶
40克橄榄油
少许辣椒
15克树莓醋
盐
胡椒

帕尔马奶酪片
20克蛋清
20克黄油
20克面粉
25克帕尔马奶酪

哈密瓜西班牙冷汤

将哈密瓜洗净并去瓤（参考第37页）。与其余配料一起放入均质机中搅碎。冷藏保存。

煎伊比利亚火腿

将伊比利亚火腿放入平底锅中油煎至松脆。

帕尔马奶酪片

将蛋清、融化的黄油和面粉混合搅拌，放入帕尔马奶酪并搅拌。将面团铺在硅胶垫上制成叶片形状，放在烤盘上撒盐和胡椒放入预热至180℃的烤箱烘烤10分钟。直至良好着色。即刻脱模。

装盘步骤

向每个盘子中倒入200克哈密瓜西班牙冷汤。在冷汤上放上一些煎伊比利亚火腿和帕尔马奶酪片。最后撒上几片罗勒叶作为装饰。

西瓜冰沙

Granité de pastèque

6人份

制备时间
10分钟

制作时间
5分钟

冷冻时间
2小时

保存时间
2周

工具
折光仪

原料
160克水
80克砂糖
760克西瓜汁或混合
西瓜汁

将糖放入水中煮沸。

冷却后，加入西瓜汁。倒在烤盘或碗中，放入冰箱冷冻。

开始结冰时，用打蛋器搅散。

重新冷冻，并重复以上步骤数次。

主厨小窍门

使用折光仪，将冰沙调整到17°Bx，可使冰沙质地更稳定，延缓融化。

煎鹅肝配小葡萄和小豆蔻调味汤

Foie gras sauté, vierge de raisin et bouillon cardamome noire

4人份

制备时间
30分钟

烹饪时间
6～7分钟

冷藏时间
2小时

浸泡时间
30分钟

保存时间
即刻享用

工具
纱网过滤器

原料

小葡萄
120克麝香葡萄
（Moscatel）
34克金色葡萄干
12克橄榄油
一片箭叶橙
1/4个青柠檬
1/4个青柠檬榨汁
现磨白胡椒

小豆蔻调味汤
250克水
15克米醋
50克味醂
70克清酒
20克鱼露
10克柚子汁
10克有机姜
1/2瓣黑豆蔻
7克罗勒
3片箭叶橙
25克酱油
0.5克四川花椒

煎鹅肝
20克豌豆
50克香菇
100克金针菇
4根细葱
240克鹅肝片
橄榄油
盐
胡椒

装饰
水芹叶

小葡萄

将麝香葡萄去皮、切半并去籽。将葡萄干切成两半。将所有葡萄与葡萄干和其余配料混合搅拌。盖上保鲜膜，冷藏2小时以上。

小豆蔻调味汤

在平底锅中，加入所有配料并加热。煮沸并关火。盖上保鲜膜，浸渍30分钟。用纱网过滤器过滤出残渣，将调味汤盖上保鲜膜，常温静置保存备用。

煎鹅肝

用大量盐水清洗豌豆，放入水中煮2～3分钟。将它们切碎并放在一边。将香菇切片，切掉金针菇的根部。小火加热小豆蔻调味汤，放入清洗干净的整根葱。用刀在鹅肝上划几下。在平底锅中倒入少许橄榄油，用小火将鹅肝煎成褐色，然后将其翻面。用盐和胡椒调味，然后将鹅肝放在吸水纸上。用少许油炒香菇，加入切成碎的豌豆、盐和少许胡椒。从肉汤中取出葱，然后将金针菇放入调味汤中煮几秒钟。

装盘步骤

将香菇、金针菇放在深盘的底部，放上煎鹅肝，然后在上面盖上一勺小葡萄。倒入小豆蔻调味汤，点缀一些新鲜的水芹叶。

猕猴桃冰激凌蛋糕

Vacherin kiwi

6人份

制备时间
45分钟

冷藏时间
12小时

冷藏定型时间
1晚

烹饪时间
12小时

冷冻时间
1小时

保存时间
2天

工具
均质机
边长9厘米的立方体形模具
裱花袋+直径6毫米的裱
花嘴
弯柄抹刀
温度计
冰激凌机和雪葩机

原料

猕猴桃雪葩
0.86克明胶片
129克猕猴桃
8克马鞭草
41克砂糖
25克水
4克柠檬汁

马斯卡彭奶酪冰激凌
97克水
42.5克砂糖
1克稳定剂
10克柠檬汁
60克马斯卡彭奶酪

无糖蛋白酥
46.5克蛋清
46.5克砂糖
0.56克黄原胶

**马斯卡彭奶酪香草尚蒂
伊奶油**
2.25克明胶片
25克全脂牛奶
25克砂糖
1/2根香草荚
50克马斯卡彭奶酪
220克脂肪含量为35%
的液体奶油

猕猴桃干
2个猕猴桃

装饰
2个猕猴桃

猕猴桃雪葩

将明胶片浸泡在冷水中1小时。将猕猴桃去皮。冲洗马鞭草。将猕猴桃切成边长2厘米的方块。将糖、水和柠檬汁放入平底锅中，用文火熬煮成糖浆。关火，加入马鞭草和浸泡好的明胶片。盖上保鲜膜，在室温环境下冷却。当糖浆降温至40℃时，将其倒在猕猴桃上并用均质机搅拌。盖上保鲜膜，冷藏保存12小时。放入雪葩机中，制成雪葩。

马斯卡彭奶酪冰激凌

在平底锅中将水煮沸，加入糖、稳定剂和柠檬汁，制成糖浆。冷却至40℃时，将其倒在马斯卡彭奶酪上。用均质机搅拌混合物。盖上保鲜膜，冷藏一晚。次日倒入冰激凌机中，制成冰激凌。

无糖蛋白酥

搅打蛋清，然后分三次加入与黄原胶混合好的糖。将混合物放入装有直径6毫米裱花嘴的裱花袋里，在铺有烤纸的烤盘上制作3个边长9厘米、厚8毫米的正方形蛋白酥和4条30厘米长的条形蛋白酥。放入预热至80℃的烤箱，烘烤4小时。

马斯卡彭奶酪香草尚蒂伊奶油

将明胶片浸泡在冷水中。分开香草荚，刮出香草籽。将香草籽和砂糖放入牛奶中，煮沸。关火，加入浸泡好的明胶。倒在马斯卡彭奶酪上并用均质机搅拌。倒在冷液体奶油里并用均质机搅拌均匀。放入冰箱冷藏12小时。

猕猴桃干

将猕猴桃去皮，切成0.5厘米厚的片，放在衬有烘焙纸的烤盘上，放在预热至60℃的烤箱中烘烤12小时。

装盘步骤

在立方体模具中，放入一块方形蛋白酥。将猕猴桃雪葩放入裱花袋中，用裱花嘴将其挤在蛋白酥上，然后用弯柄抹刀抹平。放上第二块方形蛋白酥。挤上马斯卡彭奶酪冰激凌并抹平。放上第三块方形蛋白酥。放入冰箱冷冻1小时。打发马斯卡彭奶酪香草尚蒂伊奶油，放入没有喷嘴的裱花袋中。将立方体冰激凌脱模，在一侧涂上马斯卡彭奶酪香草尚蒂伊奶油，用抹刀抹平。在马斯卡彭奶酪香草尚蒂伊奶油上不规则地排列长短不一的蛋白酥条。在其他三面重复以上步骤。在立方体顶部挤上鲜奶油，并用几片猕猴桃干和新鲜猕猴桃块装饰。

浆果类水果

新鲜草莓、草莓冰水配草莓罗勒雪葩

Fraises fraîches, jus glacé et sorbet fraise basilic

6人份

制备时间
40分钟

烹饪时间
14小时

冷藏时间
2小时

冷冻时间
1小时30分钟

静置时间
12小时

工具
过滤器
漏勺
均质机
裱花袋
切片机
筛子
硅胶垫
温度计
冰激凌机或雪葩机

原料

草莓冰水
750克草莓
200克砂糖

草莓罗勒雪葩
1克明胶片
100克野草莓
50克草莓
3.5克罗勒
47.5克砂糖
27.5克水
7.5克柠檬汁

草莓薄片
52.5克草莓
25克水
0.8克NH果胶
3克砂糖
0.625克明胶粉
4.375克水

罗勒粉
25克罗勒

无糖蛋白酥（自选）
30克蛋清
15克细砂糖
15克糖粉

装饰
48克野草莓
180克草莓
（Maro des bois）
240克草莓
（Gariguettes）
240克菠萝草莓
罗勒叶若干
水芹叶若干

草莓冰水

将草莓洗净并去蒂。将择洗干净的草莓与糖混合。用抹刀搅拌，盖上保鲜膜。用小火隔水加热草莓，熬煮2个小时，使草莓果肉自然受热爆开，过滤。请注意，在过滤的过程中不要挤压草莓。将沥出的草莓汁放入冰箱冷藏保存。在食用前约一个半小时进行冷冻，使其温度降低但不结冰。

草莓罗勒雪葩

将明胶片在冷水中浸泡1小时。将两种草莓洗净并去蒂，然后根据单个草莓的大小将它们切成两块或四块。洗净罗勒。将糖、水和柠檬汁放入平底锅中，用文火熬煮成糖浆。关火，加入浸泡好的明胶片。盖上保鲜膜，在室温环境下冷却。当糖浆加热至40℃时，将糖浆倒在草莓和罗勒上。使用均质机搅拌混合物，搅拌均匀后盖上保鲜膜，冷藏静置12小时。放入雪葩机，制成雪葩。

草莓薄片

将草莓洗净并去蒂，放入水中，加热到45℃左右。加入混合好的糖和果胶，煮沸后继续加热几秒钟。关火，加入泡好的明胶粉并用抹刀混合。倒在不粘烤盘上，并放入预热至80℃的烤箱中，烘烤2小时。趁热剪出规则的碎片，弄皱，制成需要的样子。置于干燥处，直至使用。

罗勒粉

摘下罗勒叶。用平底锅将水烧开，加入罗勒叶，煮几秒钟。用漏勺捞出罗勒叶，在冰水中冷却，然后用吸水纸轻轻拍打。将罗勒叶铺在衬有烘焙纸的烤盘上，然后放入预热至45℃的烤箱，烘烤约12小时。搅拌干燥叶子，制成粉末，保存在密封的罐子中。

无糖蛋白酥（自选）

将蛋清和细砂糖倒入平底锅中，加热至55℃。在加热过程中持续搅拌，离火，用打蛋器混合。加入过筛的糖粉，用抹刀搅拌，使混合物质地更紧实。倒入裱花袋中。在衬有烤纸的烤盘上，挤上若干直径约1厘米的蛋白酥球，然后用抹刀将它们压平，制成花瓣的形状。撒上罗勒粉，在预热至80℃的烤箱中，烘烤1小时30分钟。保存在干燥处，直至使用。

装盘步骤

将草莓洗净并去蒂。使用完整的野草莓，其他草莓切成两半。将切好的草莓摆在盘中，倒入草莓冰水。摆上野草莓和罗勒雪葩球，放几片蛋白酥皮和草莓薄片。最后撒上少许罗勒粉，用罗勒叶、水芹叶装饰。

草莓蛋糕

Fraisier

6人份

制备时间
2小时30分钟

冷藏时间
1小时

冷冻时间
30分钟

烹饪时间
15分钟

保存时间
24小时

工具
直径16厘米，高4.5厘米
的圆形模具
塑料片
过滤器
刷子
无裱花嘴的裱花袋
切片机
料理机
擀面杖
筛子

原料

草莓汁
500克草莓

浸泡糖浆
150克草莓汁（如上）
20克蔗糖糖浆

卡仕达酱
50克蛋黄
40克砂糖
250克全脂牛奶
25克玉米淀粉

热那亚面包饼干
166克杏仁含量为50%
杏仁膏
100克鸡蛋
40克软黄油
半个柠檬的皮
25克面粉
3克发酵粉

开心果杏仁糖
100克糖
60克开心果
40克杏仁

慕斯林奶油
350克卡仕达酱（如上）
150克软黄油

杏仁膏
100克草莓汁（如上）
100克杏仁膏

装饰
500克草莓
100克开心果粉

草莓汁

把草莓放在碗中，用保鲜膜密封。隔水加热，炖煮3小时。使草莓汁析出在碗中。

浸泡糖浆

将草莓汁与蔗糖糖浆混合，冷藏。

卡仕达酱

制作卡仕达酱（参见第162页）。盖上保鲜膜，并在冰箱中冷藏20分钟。

热那亚面包饼干

在装有搅拌器的料理机碗中，逐渐加入常温的鸡蛋，使杏仁膏变软。将扇叶换成和面钩，加入软化的黄油和柠檬皮屑，搅拌。倒入已过筛的面粉和发酵粉。将饼干面团铺在衬有烤纸的烤盘上，厚度为1.5厘米。放入预热至170℃的烤箱中，烘烤12分钟。饼干冷却后，切出2个直径为16厘米的圆圈。

开心果杏仁糖

在平底锅中煮糖，制成焦糖。与开心果和杏仁混合，放入预热至160℃的烤箱中，烘烤10分钟。从烘焙纸上取下，让其冷却，然后用搅拌机搅碎所有混合物。

慕斯林奶油

将卡仕达酱和软黄油放入装有和面钩的料理机中。充分搅拌，获得膨松的慕斯林奶油。

杏仁膏

在平底锅中，加热剩余的草莓汁，浓缩成质地黏稠的深色液体。冷却约20分钟后，将草莓汁倒在杏仁膏上，使其自然着色。将杏仁膏在塑料片上薄薄地铺开，制成约2毫米厚的杏仁膏皮，盖上另一片塑料片，制成与圆形面包模具等长，高6厘米的条带。

装盘步骤

在直径16厘米的饼干模具中，铺上第一片热那亚面包饼干，浸泡在浸泡糖浆中。铺上一层慕斯林奶油，然后铺上250克洗净去蒂的整个草莓。如果整个草莓太大，可以切下草莓的底部，将截面楔入侧面。将草莓和开心果杏仁糖夹在中间，再用一层慕斯林奶油覆盖。放置第二个热那亚面包盘，叠加到与圆形模具等高。刷糖浆，并盖上一层非常薄的慕斯林奶油。在冰箱中冷藏1小时。在剩下的慕斯林中，放入果仁含量为10%的开心果杏仁糖。将慕斯林奶油小球黏在一张烘焙纸上，冷冻30分钟。在冰冻的慕斯林奶油球上撒上开心果粉。将草莓蛋糕脱模。将开心果慕斯林奶油球与用不同方式切好的各类草莓放在蛋糕上。用杏仁膏带环绕包裹蛋糕。

主厨小窍门

制作慕斯林奶油时，令卡仕达酱与软黄油温度一致，即18~20℃，能使慕斯林奶油更加膨松。

树莓歌剧院蛋糕

Opéra framboise

6人份

制备时间
2小时

烹饪时间
5分钟

冷藏时间
2小时

保存时间
72小时

工具
电动打蛋器
37厘米×11厘米，高2.5厘米的长方形框模具
均质机
刷子
筛子
温度计

原料

杏仁海绵蛋糕
125克杏仁粉
125克糖粉
35克面粉
10克转化糖浆
85克+85克鸡蛋
25克融化的黄油
110克蛋清
25克砂糖

树莓巧克力甘纳许
84克可可含量为39%的牛奶巧克力
100克树莓果泥
8克葡萄糖
30克砂糖
30克咸黄油

树莓奶油
90克+20克树莓果酱
2.5克明胶片
33克蛋黄
52克鸡蛋
38克砂糖
53克黄油

树莓浸渍糖浆
200克水
200克砂糖
100克树莓果泥

打发的香草甘纳许
56克+112克脂肪含量为35%的奶油
6克葡萄糖浆
7克转化糖
81克白巧克力
1根香草荚

淋面
100克无色淋面
20克水

树莓果酱
200克新鲜树莓
20克砂糖
2克NH果胶
10克柠檬汁

装饰
100克可可含量为70%的黑巧克力

杏仁海绵蛋糕

使用电动打蛋器,将过筛的干性配料、转化糖浆和85克鸡蛋混合搅拌15分钟。倒入剩下的鸡蛋和融化的黄油。打发放入细砂糖的蛋清。用抹刀将打发的蛋清轻轻放入混合物。在衬有烘焙纸的烤盘中,均匀地将600克面糊倒入方框模具中。放入预热至230℃的烤箱中,烘烤至微黄。静置冷却。取下方框模具,将蛋糕横切两刀。制成三层杏仁海绵蛋糕。

树莓巧克力甘纳许

在35℃的水温下水浴加热融化巧克力。将树莓果泥、葡萄糖和糖在平底锅中一起加热至35℃。将融化的巧克力倒入树莓果泥中,用抹刀混合搅拌。放入黄油并用均质机混合搅拌,制成质地光滑的混合物。

树莓奶油

在平底锅中将90克树莓果泥煮沸。用冷水浸泡明胶片。将糖、蛋黄和全蛋打发。一边搅拌一边将热果泥倒在打发的鸡蛋上,然后煮至82℃。离火,倒入沥干的明胶,然后加入剩余的树莓果泥。冷却至室温。冷却至35℃时,加入黄油并使用均质机搅拌。

树莓浸渍糖浆

在平底锅中加热水和糖。离火。加入树莓果泥,混合搅拌后冷却。

打发的香草甘纳许

在平底锅中,煮沸56克奶油、香草籽、葡萄糖浆和转化糖。分三次倒入白巧克力,用均质机搅拌。加入剩余的冷液体奶油,混合搅拌并冷藏保存。

淋面

用打蛋器混合搅拌无色淋面和水。

树莓果酱

将树莓和四分之三的糖放入平底锅中,剩余四分之一的糖与果胶混合。一边加热,一边放入糖与果胶的混合物,煮沸。离火。加入柠檬汁,混合搅拌。盖上保鲜膜并冷藏2小时。

装饰

融化黑巧克力(参见第187页)。将黑巧克力在塑料片上倒薄薄一层,盖上另一片塑料片,等待巧克力凝结。

装盘步骤

在方形模具中,倒入融化的巧克力,放置第一层杏仁海绵蛋糕。用刷子沾糖浆,刷在杏仁海绵蛋糕上。倒入树莓巧克力甘纳许。放第二块杏仁海绵蛋糕,刷糖浆。倒入树莓奶油,然后放入第三层杏仁海绵蛋糕并刷糖浆。倒入打发的香草甘纳许,放入冰箱冷藏20分钟以上。倒上树莓果酱并抹平再刷一层淋面。用小刀切出6个长6厘米×11厘米的长方形,用于制作歌剧院蛋糕。在上面盖一块长方形的巧克力。

桑葚夏洛特蛋糕配兰斯饼干

Charlotte aux mûres et biscuits de Reims

6人份

制备时间
40分钟

烹饪时间
8～10分钟

保存时间
2天

工具
直径18厘米，高6厘米的
圆形模具
纱网过滤器
直径16厘米圆形硅胶模具
5个以上直径2.5厘米的
半球形硅胶模具
刷子
裱花袋+直径16毫米的
裱花嘴
弯柄抹刀
筛子
温度计

原料

手指饼干
30克蛋黄
25克+10克砂糖
1/2根香草荚
18克面粉
45克蛋清
18克马铃薯淀粉
适量糖粉

桑葚夹层酱
2克明胶片
160克新鲜桑葚
1/4个青柠檬的汁
15克砂糖
2克325NH95果胶

浸泡糖浆
60克水
5克糖
15克桑葚
1/4个青柠檬皮

桑葚慕斯
3克明胶片
61克新鲜桑葚果泥
12克柠檬汁
41克砂糖
165克白奶酪
165克脂肪含量为35%
的液体奶油

装盘步骤
1袋粉色兰斯饼干
375克新鲜桑葚
红色酢浆草若干
水芹叶若干
干玫瑰花蕾若干

手指饼干

将烤箱预热至180℃。分开香草荚，刮出香草籽。打发香草籽、蛋黄和25克糖。加入过筛的面粉。将蛋清打发，加入剩余的糖，继续打发，使蛋白泡沫更加绵密，然后加入过筛的马铃薯淀粉。使用抹刀轻轻混合搅拌。放入装有16毫米裱花嘴的裱花袋中。在衬有烤纸的烤盘上放置2个直径为16厘米、厚度为1.5厘米的圆盘。撒上糖粉。重复以上步骤两次。烘烤8～10分钟。留存直至使用。

桑葚夹层酱

用冷水浸泡明胶片。清洗桑葚，加入柠檬汁，并用叉子或搅拌机捣碎。放入平底锅，然后加入糖和果胶的混合物，小火炖煮。关火，加入浸泡好的明胶。倒入直径为16厘米的硅胶模具中，在冰箱中冷冻保存，直至使用。

浸泡糖浆

在平底锅中，将水和糖煮沸，制成糖浆。冷却至室温。清洗桑葚，并用叉子捣碎。倒入冷糖浆，并加入柠檬皮屑。从锅中取出，冷藏保存，直至使用。

桑葚慕斯

将明胶片浸泡在冷水中。在平底锅中，将桑葚果泥、柠檬汁和糖加热至80℃。离火，加入浸泡好的明胶搅匀。待混合物冷却至45℃。打发液体奶油。将桑葚果泥倒在白奶酪上，用抹刀搅拌，然后放入打发的奶油。放入裱花袋，在硅胶模具中用混合物填充5个球，然后放入冰箱冷冻，直到完全冻实。

装盘步骤

在甜点盘上，放置直径为18厘米的圆形模具，然后在侧面摆放粉红兰斯饼干。在底部铺一层手指饼干，浇上浸泡糖浆。抹上2厘米的桑葚慕斯，再铺一层手指饼干，并浇上浸泡糖浆，然后抹上桑葚夹层酱。最后抹上2厘米的慕斯，用弯柄抹刀抹平，冷藏约3小时。桑葚慕斯凝固后，放入脱模的桑葚奶油球和新鲜桑葚。装饰几片水芹嫩叶、酢浆草和玫瑰花瓣。

黑醋栗酸奶巴伐洛娃蛋糕

Pavlova yaourt cassis

制作6盘蛋糕

制备时间
2小时

烹饪时间
4小时

冷藏时间
6小时

冷冻时间
6小时

保存时间
即刻享用

工具
6个半球形硅胶模具
打蛋器
平底锅
搅拌机
直径7厘米的裱花袋+8个
直径为12毫米的裱花嘴
抹刀
刨丝器
料理机
温度计
冰激凌机或雪葩机

原料

瑞士蛋白酥
100克蛋清
200克糖

黑醋栗酸奶冰激凌
246克全脂牛奶
29克脱脂奶粉
20克葡萄糖
37克脂肪含量为35%的
液体奶油
140克糖
8克稳定剂
20克转化糖
500克原味酸奶
200克黑醋栗果泥

黑醋栗果酱
2克NH胶
30克糖
200克黑醋栗

鲜奶油奶酪
200克脂肪含量为35%
的液体奶油
25克糖
100克白奶酪
半个柠檬的皮
半根香草荚

装饰
200克新鲜黑醋栗
嫩叶若干

瑞士蛋白酥

在搅拌机中，放入隔水加热的糖和蛋清，用力搅打，以防止蛋清凝结。将混合物加热至50℃。放入装有搅拌器的料理机中高速搅拌，使混合物降温并更加紧实。将混合物放入装有小裱花嘴的裱花袋中，挤入涂抹过黄油的半球形的硅胶模具中，放入预热至80℃的烤箱中烘烤3~4小时。

黑醋栗酸奶冰激凌

在平底锅中放入牛奶、奶粉、葡萄糖和液体奶油。在40℃时，加入糖与稳定剂的混合物。混合搅拌，加入转化糖。将所有配料加热至85℃时，取出，用保鲜膜包裹并冷藏静置6小时。直到混合物冷却后，放入酸奶。用抹刀放入冰激凌机，不要用力搅拌。

黑醋栗果酱

搅碎黑醋栗，制成黑醋栗果泥。将黑醋栗果泥放入平底锅中，加热至40℃，放入糖和果胶的混合物。煮1分钟。

鲜奶油奶酪

将奶油和糖的混合物打发，直至质地浓稠。加入奶酪搅拌均匀。冷藏后放入柠檬皮屑和香草籽。

装盘步骤

将蛋白酥脱模，用刨丝器制成碎，然后制成底座。用冰激凌和黑醋栗填充底座。用裱花袋挤上鲜奶油奶酪，在蛋白酥顶部挤上黑醋栗果酱。用几片嫩叶和新鲜黑醋栗装饰。

蓝莓芝士蛋糕

Cheesecake aux myrtilles

8人份

制备时间
1小时

烹饪时间
2小时

冷藏时间
1小时至1晚

静置时间
1小时

保存时间
2天

工具
1个直径为16厘米，
高8厘米的圆形模具
料理机
搅拌机
温度计

原料

糖膏
88克黄油
47克红糖
30克鸡蛋
150克面粉
18克杏仁粉
1克肉桂粉
1撮海盐
50克澄清黄油

芝士蛋糕
665克新鲜奶酪
65克鸡蛋
135克砂糖
45克脂肪含量为35%的
液体奶油

蓝莓果泥
33克砂糖
2克果胶
165克蓝莓果泥

装饰
黑醋栗若干
1汤匙糖粉

糖膏

向装有搅拌叶的料理机碗中放入黄油、红糖和鸡蛋。加入面粉肉桂粉、海盐和杏仁粉搅拌成面团。冷藏静置1小时。擀成薄饼，放入预热至180℃的烤箱中，烘烤10分钟。静置冷却。将饼干分成小块并加入50克黄油，制作重制饼干。将面团放入直径为16厘米的饼干模具中，将饼干在模具壁上压实，压至5毫米厚。

芝士蛋糕

用搅拌机将所有配料搅拌1分钟。将900克混合物倒入重制饼干的模具中，并放入预热至165℃的烤箱中，烘烤40分钟。烘烤过程中，在烤箱中放一只有水的碗，以保持湿润。关火后在烤箱中静置1小时。将芝士蛋糕从烤箱中取出，在室温下放置1小时，然后放入冰箱冷藏。

蓝莓果泥

将果胶与糖混合。加热蓝莓果泥。至40℃时，加入糖和果胶的混合物并煮沸。直接倒在冷芝士蛋糕上。

装盘步骤

在芝士蛋糕的边缘撒上少许糖粉，装饰几颗黑醋栗。

主厨小窍门

- 保存至次日的芝士蛋糕更美味。
- 注意，不要让芝士奶油的温度降得太快，这样可能会使芝士奶油上出现孔洞。

醋栗配香菜

Groseilles et coriandre

6人份

制备时间
1小时20分钟

烹饪时间
12分钟

冷藏时间
3小时

冷冻时间
3小时

水果干
1晚

冷藏定型时间
12小时

保存时间
2天

工具
1个直径4厘米的圆形
模具
2个直径3.5厘米的圆形
模具
1个直径3厘米的圆形
模具
3个直径为2厘米的圆形
模具
过滤器
脱水机
漏勺
抹刀
均质机
直径2厘米半球形模具
若干
裱花袋
搅拌机
擀面杖
筛子
硅胶垫
温度计
冰激凌机或雪葩机

原料

香草意式奶冻
3.5克明胶片
320克脂肪含量为35%
的液体奶油
32克砂糖
1/2个香草荚

醋栗果冻
100克去梗醋栗
0.8克325NH95果胶
25克砂糖

香菜球
0.5克明胶片
22.5克+22.5克脂肪含量
为35%的液体奶油
4.5克砂糖
5克新鲜香菜
8.5克马斯卡彭奶酪
10克无色淋面

挞皮
65克软黄油
32克糖粉
2克盐
32克榛子粉
30克鸡蛋
30克+90克面粉

香菜粉
20克香菜

香菜软糖
40克白色软糖
60克38DE葡萄糖
香菜粉（如上）

醋栗雪葩
55克去梗醋栗
21克水
20克砂糖
0.5克明胶片

装饰
30克醋栗
罗勒叶若干
可食用花朵若干

香草意式奶冻

将明胶片浸泡在冷水中。分开香草荚，刮出香草籽。在平底锅中将奶油、糖与香草籽煮沸。关火，加入浸泡好的明胶片。将七个涂抹过少许油脂的曲奇模具放在盘子上。轻轻倒入经过冷藏已略凝稠的液体奶冻，然后放在冰箱里冷藏直到凝固。对其他5盘重复这项步骤。待奶冻凝固后脱模。如果不能顺利脱模，可以用喷枪稍微加热模具，以便脱模。

醋栗果冻

在锅中加热醋栗。逐渐倒入糖和果胶的混合物。煮沸。用均质机搅拌并过筛。装入裱花袋。冷藏保存，直至使用。

香菜球

用冷水浸泡明胶片。在平底锅中将糖、香菜与22.5克奶油一起煮沸。离火，用均质机搅拌并放入浸泡好的明胶。将混合物倒在马斯卡彭奶酪上。加入剩余的冷奶油。重新搅拌。冷藏2~3小时。将打发的奶油放入裱花袋中，然后将其挤入直径2厘米的球形模具中。冷冻2~3小时让球定型。摆盘前一小时，融化无色淋面，将冷冻的香草球浸入其中。冷藏保存，直至使用。

挞皮

用抹刀将黄油、糖粉和盐搅成奶油状。加入榛子粉，混合搅拌，然后加入鸡蛋。加入一部分面粉，搅拌均匀，最后加入剩下的面粉。揉成小面团，用保鲜膜包裹并冷藏静置1小时。将面团擀成2毫米厚的面饼。挞皮尺寸：直径4厘米的6颗，3厘米的12颗，2厘米的6颗。将它们放在烤盘上，将烤盘放在硅胶垫上，再盖上硅胶垫，并在预热至170℃的烤箱中烘烤12分钟。

香菜粉

用平底锅将水烧开，加入香菜叶，煮几秒钟。用漏勺捞出香菜叶，在冰水中冷却，然后用吸水纸轻轻拍打。整理香菜叶并放入脱水机，脱水一晚，或放入预热至45℃的烤箱中烘烤约12小时。放入搅拌机，搅碎制成香菜粉。

香菜软糖

在平底锅中，将软糖和葡萄糖煮至160℃，然后倒在硅胶垫上。待其硬化，冷却至室温。打碎成几块，放入搅拌机，制成极细的粉末。用橄榄油和纸巾轻轻涂抹硅胶垫，将其放在盘子上。撒上刚才制成的糖粉，然后撒上香菜粉。使用曲奇模具制作12个直径为2厘米的圆盘和6个直径为3厘米的圆盘。放入预热至200℃的烤箱，烘烤几分钟。当软糖融化，就让它冷却几分钟，然后用抹刀轻轻地把它们剥下来。放入密封罐中保存，直至使用。

醋栗雪葩

洗净醋栗。加热糖和水，制成糖浆。关火，加入浸泡好的明胶片。当糖浆加热至45℃时，将其倒在醋栗上。用均质机混合搅拌，过筛，再用勺子将醋栗压碎。将压碎后的醋栗过筛。放入容器中，盖上保鲜膜，冷藏静置12小时。放入冰激凌机。

装盘步骤

在奶冻上撒上香菜粉。将直径2厘米的挞皮圆盘放入2厘米的孔中，然后以相同的方式处理4厘米的挞皮圆盘，然后将3厘米的挞皮放在意式奶冻上。用醋栗果冻和香菜软糖填充空洞。将香菜半球放入两个较小的孔中，然后将香菜粉洒在上面。在最大的挞皮圆盘上放一块醋栗雪葩。点缀一些新鲜的醋栗、罗勒叶和花朵。

浆果挞

Tarte groseilles & CIE

6人份

制备时间
1小时30分钟

烹饪时间
20~25分钟

冷藏时间
2小时20分钟

保存时间
2天

工具
19厘米×8.5厘米，高2厘米的长方形模具
裱花袋

原料

挞皮面团
75克黄油
47克糖粉
15克杏仁粉
125克面粉
30克鸡蛋
1克盐
1/2根香草荚

杏仁酱
25克软黄油
15克砂糖
25克鸡蛋
25克杏仁粉

马斯卡彭奶酪奶油
2克明胶片
25克砂糖
25克脂肪含量35%的液体奶油
100克马斯卡彭奶酪

装饰
125克红醋栗
125克鹅莓
125克树莓
125克白树莓
125克桑葚
125克蓝莓

挞皮面团

混合黄油、糖粉、杏仁粉和面粉，然后加入鸡蛋，揉和面团。分开香草荚，刮出香草籽。将香草籽和盐放入混合物中。将面团在冰箱中静置2小时，然后将其擀成3毫米厚的面饼，填满涂抹过黄油的挞皮模具底部。

杏仁酱

将软化的黄油和糖混合，然后依次加入常温鸡蛋和杏仁粉。将奶油放入裱花袋中，然后将奶油倒入挞皮模具的三分之一处。加入30克红醋栗，并放入预热至170℃的烤箱中，烘烤25~30分钟。

马斯卡彭奶酪奶油

将明胶片浸泡在冷水中。将奶油倒入平底锅中，加糖，加热后放入浸泡好的明胶片。混合搅拌，使明胶溶解。用打蛋器一边搅拌，一边逐渐放入马斯卡彭奶酪，然后放入冰箱冷藏约20分钟。

装盘步骤

将150克马斯卡彭奶酪奶油涂抹在挞底、放入杏仁酱和红醋栗，然后将所有浆果均匀排列。

北欧蔓越莓甜点

Dessert Nordique aux airelles

6人份

制备时间
1小时

浸渍时间
20分钟

冷藏时间
4小时

烹饪时间
45分钟

保存时间
2天

工具
筛子
打蛋器
均质机
裱花袋+直径15毫米的裱花嘴
搅拌机
弯柄抹刀
硅胶垫
温度计
冰激凌机或雪葩机

原料

香草奶油
500克脂肪含量为35%的液体奶油
1根香草荚
50克砂糖
6克X58果胶

蔓越莓果冻
300克蔓越莓
20克砂糖
5克明胶片
35克水

栗子泥
130克栗子酱
110克栗子泥
1/2根香草荚

栗子外交官奶油
150克全脂牛奶
25克蛋黄
30克砂糖
12克奶油粉
2克明胶片
14克水
90克脂肪含量为35%的液体奶油
18克栗子酱
18克栗子泥

青柠檬腌渍蔓越莓
50克蔓越莓
5克栗子糖浆
5克青柠檬汁

麦片
37克融化的黄油
30克栗子蜂蜜
134克燕麦
34克研碎的杏仁片
54克蔓越莓干
7克黄糖

香草奶油

分开香草豆荚，刮出香草籽。在平底锅中放入奶油、香草荚和香草籽，煮沸。关火，盖上盖子浸泡20分钟，取出香草荚。再次加热并加入糖和果胶的混合物。煮沸后倒入玻璃杯中。冷藏保存，直至凝固。

蔓越莓果冻

在搅拌机中将蔓越莓磨碎。过筛并压榨蔓越莓碎，制成蔓越莓汁。加水或加入其他红色浆果（蔓越莓、草莓、醋栗）的果汁，使果汁重量达到250克，加糖并加热。关火，加入浸泡好的明胶片，混合搅拌后倒在香草奶油上。在冰箱中冷藏2小时以上，直至完全凝固。注意检查是否完全凝固，以避免形成孔洞。

栗子泥

用抹刀搅松栗子泥，加入栗子酱和香草，然后用打蛋器混合搅拌所有配料。冷藏备用。

栗子外交官奶油

小火加热牛奶。将蛋黄、糖和奶油粉用打蛋器打发。牛奶煮沸后，取三分之一的牛奶倒在混合物上，使其升温。用打蛋器混合搅拌。将所有配料倒回平底锅，同时用力搅拌，煮沸后加热2~3分钟。关火，加入浸泡好的明胶并混合搅拌。将卡仕达酱倒入碗中，盖上保鲜膜，冷藏直至使用。在制作杯子蛋糕之前，用打蛋器打发奶油。将栗子泥与栗子酱混合，用打蛋器搅松卡仕达酱，将几种酱料混合搅拌。然后用抹刀轻轻拌入打发的奶油。

青柠檬腌渍蔓越莓

稀释糖浆和青柠檬汁。加入未压碎的蔓越莓。冷藏保存，直至使用。

麦片

混合融化的黄油和栗子蜂蜜。将所有干配料加入黄油和蜂蜜的混合物中并搅拌均匀。放在覆盖有硅胶垫的烤盘上，放入预热至170℃的烤箱中，烘烤至着色，在烘烤过程中需翻面几次。

装盘步骤

用栗子泥填满裱花袋，并在末端剪出直径为15毫米的孔。在蔓越莓果冻的一边挤大约40克栗子泥。用小勺在栗子泥上挖一个小洞，把用青柠汁腌好的蔓越莓放进去。将栗子外交官奶油放入装有直径15毫米裱花嘴的裱花袋中，在栗子泥上挤出漂亮的拱形奶油球。在旁边放一勺青柠檬腌渍蔓越莓，可以在甜点上撒上少许燕麦片，也可以在旁边单独搭配一杯燕麦片。

能量碗

Bowl énergétique

6人份

制备时间
3小时

冷藏时间
2小时

烹饪时间
10分钟

保存时间
24小时

工具
6个汤盘
削皮器
料理机
温度计

原料

巴西莓慕斯
360克巴西莓果泥
90克黑醋栗果泥
29克砂糖
9.5克明胶粉
66.5克水
90克常温蛋清
90克葡萄糖糖浆
45克转化糖
315克脂肪含量为35%
的液体奶油

装饰
1个芒果
3个猕猴桃
3根香蕉
1个石榴
苹果花若干
水芹嫩叶若干

巴西莓慕斯

将两种果泥和糖用小火加热。加入浸泡好的明胶，混合搅拌并备用。将蛋清倒入装有打蛋器的料理机碗中，打发。将葡萄糖糖浆和转化糖倒入平底锅中，加热至120℃，然后一边搅拌一边慢慢倒在蛋清上。制成硬的蛋白酥。当温度为40℃时，将蛋白酥皮与果泥混合物轻轻混合。搅打柔软的液体奶油，然后将其添加到混合物中。倒入汤盘，放入冰箱冷藏2小时以上。

装饰

将芒果去皮（参见第56页）并将果肉切成片状。将猕猴桃去皮并切成薄片。将香蕉去皮并切成薄片。将石榴洗净并剥出石榴籽（参见第62页）。

装盘步骤

在碗中倒入巴西莓慕斯，在上桌前冷藏。将水果整齐放在上面，撒上几朵苹果花和水芹嫩叶。冷藏保存。

蔓越莓甜菜汁

Jus de canneberge et betterave

制作1升蔓越莓甜菜汁

制备时间
30分钟

冷藏时间
2小时

保存时间
3天

工具
榨汁机

原料

果汁
400克生的红甜菜
1千克蔓越莓
100克树莓
12克姜
6克玫瑰花水
120克糖浆
60克水

冰糖玫瑰花瓣
1朵有机玫瑰
1个鸡蛋的蛋清
100克冰糖

果汁

红甜菜去皮，然后与蔓越莓和树莓一起放入榨汁机中。生姜去皮并切碎，然后与其他配料一起放入果汁中。

冰糖玫瑰花瓣

摘下玫瑰花瓣。将玫瑰花瓣浸泡在蛋清中。将玫瑰花取出，然后放入冰糖颗粒中，黏上冰糖。常温放置3小时。

装盘步骤

上桌前将果汁冷藏，并用一些冰糖玫瑰花瓣进行装饰。

玫瑰果仁糖，浆果大黄面包挞

Tarte boulangère à la rhubarbe, fruits rouges et pralines roses

6人份

制备时间
4小时30分钟

冷冻时间
10分钟

发酵时间
2小时

冷藏时间
2小时

烹饪时间
20分钟

保存时间
2天

工具
直径22厘米的圆形挞派
模具
纸折角
均质机
料理机
擀面杖
刷子
裱花袋+直径15毫米的
裱花嘴
中号可密封冷冻袋
筛子
温度计
抹刀
削皮器

原料

圣特罗佩奶酥
40克黄油
40克砂糖
70克面粉
0.2克海盐

**玫瑰果仁糖布里欧修
面包**
120克面粉

60克鸡蛋+1个用于着色
的鸡蛋
12克全脂牛奶
12克砂糖
2.5克盐
4克用于制作法棍面包的
鲜酵母
25克鲜奶油
60克软黄油
20克玫瑰果仁糖

糖水大黄
400克新鲜大黄
35克水
35克砂糖
5克树莓
1克干木槿花

**大黄、树莓和木槿花
果酱**
305克新鲜大黄
70克砂糖
2.25克NH果胶或
325NH95果胶
50克树莓
2个干木槿花
1根香草荚

外交官奶油
1.5克明胶片
125克全脂牛奶
25克砂糖
1/2根香草荚
12克T65面粉
40克鸡蛋
15克黄油
80克脂肪含量为35%的
液体奶油

装饰
30克无色淋面
60克草莓
60克树莓
60克鹅莓
花朵若干

圣特罗佩奶酥

用抹刀搅拌黄油、糖、面粉和盐，直到制成面团小球。将面团铺在盘子上，在冰箱中冷冻10分钟。压碎成块，放入密封罐中保存，直到要开始制作布里欧修面包。

玫瑰果仁糖布里欧修面包

在装有和面钩的料理机碗中，放入所有配料（黄油和果仁糖除外），低速搅拌5分钟，然后中速搅拌15分钟。直到面团不再黏稠。充分揉和碗底的面团。使面团富有弹性。将切成小块的黄油分几次放入面团中，再揉和5分钟，直到面团不会黏在碗边。盖上保鲜膜，在室温下静置30分钟。将面团掰开，放气，这会使面团更紧实。放入冰箱冷藏2小时以上。擀成3毫米厚的面饼，用圆形模具切出直径22厘米的圆形面饼。放在挞皮模具中，在预热至26℃的烤箱中烘烤1小时30分钟。刷上鸡蛋液，令挞皮着色。在挞皮中放入玫瑰果仁糖和奶酥。放入预热至160℃的烤箱，烘烤20分钟。

糖水大黄

洗净大黄。切掉末端并用削皮器削皮。将其切成冷冻袋大小。将水、糖和树莓放在碗中，混合并搅拌，过筛后放入平底锅。加入木槿花并加热直至沸腾。关火并让其冷却，直到温度降至50℃左右。将大黄块放入冷冻袋中，然后倒入树莓和木槿糖浆。排出空气并将袋口收紧。在平底锅中将水加热至80℃，然后将冷冻袋放入其中。在72℃下隔水加热20分钟。在烹饪结束时，将袋子从水中取出，静置冷藏，直至使用。

大黄、树莓和木槿花果酱

洗净大黄。切掉末端并用削皮器削皮。将大黄切成边长为2厘米的小方块。混合糖与果胶备用。将其余的配料放入平底锅中，用小火加热，并盖上烘焙纸，以析出植物中的水分。煮大黄时，加入糖和果胶的混合物，搅拌并煮沸。倒入容器中，盖上保鲜膜，冷却后冷藏保存，直至使用。

外交官奶油

将明胶浸泡在冷水中。将牛奶和三分之一的糖一起加热。混合剩余的糖、香草籽和面粉，然后加入鸡蛋并搅拌。当牛奶沸腾时，向锅中倒入一半混合物中并用力搅拌。将所有混合物倒入平底锅中，煮1分钟。注意，用抹刀搅拌时不要使混合物粘在锅底。关火，加入黄油块和浸泡过的明胶。用打蛋器混合搅拌。取下盘中的卡仕达酱，盖上保鲜膜。在冰箱中冷却约30分钟。当奶油变冷后，用打蛋器搅打，将奶油打发。打发低温液体奶油，直到质地浓稠。用打蛋器将奶油分三次加入卡仕达酱中，小心搅拌以使其质地均匀。

装盘步骤

沥干大黄块。切成5厘米左右的块，摆在案板上。用刷子刷上无色淋面。将布里欧修面包放在盘中。使用装有直径为15毫米裱花嘴的平头裱花袋，在距边缘1.5厘米的面包边缘挤一圈外交官奶油球。在中央位置放入果酱，摆放好大黄块，中间点缀草莓块、鹅莓和树莓。最后放上葡萄干和一些花朵作为装饰。

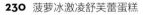

热带水果

菠萝冰激凌舒芙蕾蛋糕

Soufflé glacé à l'ananas

4人份

制备时间
45分钟

冷冻时间
1小时30分钟

烹饪时间
12小时

保存时间
3天

工具
4个直径8厘米的圆形模具
过滤器
塑料片
切片器
搅拌机
抹刀
菠萝削皮刀

原料

菠萝冰激凌舒芙蕾蛋糕
250克菠萝
3克有机姜
1根香草荚
10克白朗姆酒
80克脂肪含量为35%的
液体奶油
60克蛋清
20克椰子糖
60克白蔗糖

糖渍菠萝果酱
280克菠萝
40克洋槐蜜
10克椰子糖
1根香草荚
50克黄柠檬榨汁
半个青柠檬的皮

菠萝脆片和烤杏仁粉
100克菠萝
30克杏仁粉

菠萝冰激凌舒芙蕾蛋糕

将烘焙纸或塑料片放入舒芙蕾蛋糕模具内侧，用透明胶带固定。另取一张塑料片剪成边长10厘米的正方形，然后卷成直径为2.5厘米的圆筒，用透明胶带固定。将菠萝去皮（参见第28页）并将其切成块。将生姜去皮并磨碎。分开香草荚，刮出香草籽。将菠萝、生姜、香草籽和白朗姆酒混合搅拌并过滤出液体。打发奶油，轻轻加入混合物液体中。打发加入糖的蛋清，然后倒入混合物中。将混合物填满舒芙蕾模具并用抹刀抹平。将圆筒形塑料片放入舒芙蕾蛋糕中心位置，冷冻保存。大约一个小时后，小心地取出圆筒，使舒芙蕾蛋糕中空，然后把舒芙蕾蛋糕放回冰箱里冷冻直到凝固。

糖渍菠萝果酱

将菠萝果肉切成边长为5毫米的小方块。分开香草荚，刮出香草籽。在平底锅中加热洋槐蜜、菠萝块、椰子糖与香草籽。用小火煮5分钟，然后加入柠檬汁和柠檬皮。取出并冷藏保存。

菠萝脆片和烤杏仁粉

用切片器切下菠萝薄片。在预热至45℃的烤箱烤干，放在密闭盒中，在干燥处保存。将杏仁粉放在衬有烘焙纸的烤盘上，在预热至180℃的烤箱中烘烤10分钟，烘烤过程中注意翻面。烤好的杏仁粉应该略带棕色。在干燥处保存。

装盘步骤

去掉包裹舒芙蕾蛋糕的纸，撒上烤杏仁粉。用温热的菠萝果酱填充舒芙蕾蛋糕。装饰一片菠萝脆片。

生姜木瓜片佐以香槟蛋黄酱

Carpaccio de papaye et gingembre, sabayon au champagne

4人份

制备时间
1小时

冷藏时间
12小时

烹饪时间
24小时

保存时间
24小时

工具
过滤器
切片器
均质机
刷子
奶油发泡器+1个气弹
刨丝器
硅胶垫
温度计

原料

糖渍木瓜配奇亚籽
65克木瓜
8克奇亚籽

干木瓜片
20克木瓜

意式蛋黄酱
4克明胶片
25克砂糖
40克蛋黄
125克全脂牛奶
1/2根香草荚
125克香槟

青木瓜丝
80克青木瓜
115克水
20克砂糖
2克有机姜
半个青柠檬的皮
5克青柠檬汁

1片泰国柠檬叶子

木瓜酱
115克木瓜
7克青柠檬汁
7克砂糖
1克薄荷叶
1片泰国柠檬叶子

新鲜木瓜片
336克木瓜
42克橄榄油
21克青柠檬汁
4.2克青柠檬皮

装饰
白芝麻少许
黑芝麻少许

糖渍木瓜配奇亚籽

将木瓜去皮，然后搅碎木瓜果肉。加入奇亚籽，盖上保鲜膜，在冰箱中冷藏12小时。

干木瓜片

将木瓜去皮，然后搅碎木瓜果肉。在盖有硅胶垫的烤盘中铺薄薄的一层果肉，在预热至60℃的烤箱中烘烤24小时。

意式蛋黄酱

将明胶片浸泡在冷水中。打发蛋黄和糖的混合物。将牛奶在平底锅中小火加热，然后一边搅拌一边倒在打发的蛋黄混合物上。将混合物倒回平底锅中，一边用抹刀搅拌，一边加热，直到温度达到82℃。分开香草荚，刮出香草籽。将香草和明胶片放入香槟中。用均质机搅拌并放入奶油发泡器。填充气弹，摇晃奶油发泡器使混合物质地均匀，水平放置，冷藏保存。

青木瓜丝

将青木瓜去皮。用切片器把青木瓜切片，然后用刀切成细丝。将水、糖、去皮并磨碎的生姜、柠檬皮屑、柠檬汁和柠檬叶放入平底锅中加热。当糖浆沸腾时，静置浸泡直至混合物变温，然后与青木瓜丝一起倒入冷冻袋中。尽可能排出空气，封闭冷冻袋，静置30分钟。将青木瓜丝沥干备用。

木瓜酱

将木瓜去皮，然后用搅拌机搅碎木瓜果肉。将木瓜果肉与其他配料一起放入平底锅中，煮沸后关火。冷藏保存，直至使用。

新鲜木瓜片

将木瓜去皮，然后用切片器将木瓜切成2毫米厚的片。将橄榄油、柠檬汁和柠檬皮在碗中混合搅拌。用刷子将腌汁涂抹在盘子里的木瓜片上。

装盘步骤

将新鲜木瓜片呈螺旋状摆放在汤盘的边缘。将木瓜酱放在底部，再放入糖渍木瓜配奇亚籽。将青木瓜丝摆成"鸟巢"状。撒上芝麻，放一片干木瓜片然后挤上意式蛋黄酱。

香蕉甜饼配牛奶巧克力和斯派库鲁斯饼干

Entremets banane, chocolat au lait et spéculoos

6人份

制备时间
3小时

烹饪时间
40分钟

冷藏时间
3小时

冷冻时间
5小时

保存时间
3天

工具
1个直径为15厘米、高4厘米的圆形模具
喷枪（自选）
边长5厘米的网筛
均质机
直径18厘米、高5厘米的硅胶模具
料理机
弯柄抹刀
筛子
硅胶垫
温度计
冰激凌机或雪葩机

原料

香蕉奶油
50克鸡蛋
50克砂糖
50克脂肪含量为35%的奶油
58克香蕉泥
2克明胶粉
12克水
25克可可含量为33%的白巧克力
92克黄油

斯派库鲁斯饼干
40克黄油
40克红糖
0.4克精盐
0.4克肉桂粉
0.4克豆蔻粉
14克鸡蛋
56克面粉
1克发酵粉

重制斯派库鲁斯饼干
70克可可含量为35%巧克力
135克斯派库鲁斯饼干（如上）
50克千层酥
0.5克海盐
50克炒制山核桃碎

香蕉软饼干
98克香蕉泥
122克杏仁酱
13克面粉
90克鸡蛋
8克蛋黄
13克红糖
25克蛋清
5克砂糖
28克融化的黄油
20克山核桃仁

香蕉果酱
2根成熟的香蕉
25克融化的黄油
25克红糖
50克香蕉泥
3克黄柠檬汁

装饰
100克黄色可可脂
15克牛奶巧克力
干香蕉片若干

牛奶巧克力慕斯
4克明胶粉
24克水
45克蛋黄
30克砂糖
165克全脂牛奶
150克可可含量为46%的牛奶巧克力
210克脂肪含量为35%的液体奶油

无色淋面
250克无色淋面
30克水

香蕉奶油

混合搅拌鸡蛋、糖和奶油。在锅中加热香蕉泥。将香蕉泥加入混合物并煮沸。加入浸泡好的明胶和白巧克力。冷却至40℃，然后加入黄油。用均质机搅拌混合物，搅拌均匀后盖上保鲜膜，冷藏静置1小时。

斯派库鲁斯饼干

向料理机碗中放入黄油、红糖、盐和香料粉。加入常温的鸡蛋。将面粉和发酵粉的混合物过筛，加入碗中。制成面团。将面团擀平并扎孔。放在衬有硅胶垫的烤盘中，放入预热至150℃的烤箱中，烘烤15分钟。

重制斯派库鲁斯饼干

隔水加热巧克力。将千层酥、海盐、山核桃、融化的巧克力与斯派库鲁斯饼干碎混合，加热至45℃，用于制作糕点底座。将直径15厘米的圆形模具放在衬有烘焙纸的烤盘上，然后倒入混合物，至3毫米厚。取下圆形模具，放入冰箱直至使用。

香蕉软饼干

将香蕉泥与杏仁酱、面粉、鸡蛋、蛋黄和红糖混合。

打发放入细砂糖的蛋清。搅拌两种混合物并加入融化的黄油。将山核桃仁加入混合物中。在铺有硅胶垫的烤盘上向直径为15厘米的圆形模具中倒入混合物。放入预热至180℃的烤箱中，烘烤10~15分钟。取出模具，待冷却后脱模。

香蕉果酱

将香蕉去皮并切成薄片。加入融化的黄油和红糖，然后用抹刀轻轻搅拌。香蕉在烹饪过程中应保持切片状态。将混合物铺在衬有烘焙纸的烤盘上，然后放入预热至160℃的烤箱中烘烤10分钟。待其冷却，用叉子捣碎。加入香蕉泥和黄柠檬汁。冷藏保存，直至使用。

装饰

在30℃的水温下隔水加热融化黄色可可脂。在另一个容器中，在27~28℃水温下隔水加热融化牛奶巧克力，然后将水温升高至29~30℃。将融化的黄色可可脂放入喷枪中，在上桌前，用喷枪喷涂甜点模具底部。并将融化的牛奶巧克力倒在上面。将巧克力倒在塑料片上，盖上另一片塑料片，然后用滚筒碾压，制成巧克力薄片。静置几分钟使巧克力凝固，然后用刀背和尺子划出一条18厘米长的巧克力条带。放入碗中，使巧克力条带弯曲。在处理之前让其凝固几分钟。

甜品内层制作步骤

取出香蕉软饼干，然后放入直径为15厘米的圆形模具中，底部用重制斯派库鲁斯饼干填充，将冷香蕉果酱均匀涂抹在上部，冷藏30分钟。将香蕉奶油填充入圆形模具顶部，并用弯柄抹刀抹平。脱模时可使用喷枪加热圆形模具，然后放入冰箱冷冻1个小时以上。

牛奶巧克力慕斯

打发糖和蛋黄的混合物。将牛奶倒入平底锅中加热，放入蛋黄和糖的混合物，煮至83℃。加入浸泡好的明胶，搅拌。将混合物倒在巧克力上。用均质机混合搅拌，静置冷却，直至温度降至29℃。打发液体奶油并倒入混合物中。

无色淋面

用抹刀混合搅拌无色淋面和水。至甜品脱模后使用。

装盘步骤

将1厘米厚的牛奶巧克力慕斯倒入直径15厘米的硅胶模具中，用抹刀将慕斯涂满边缘，以避免模具底部出现气泡。在内部填充饼干碎。为使表面更加光滑，可将甜品冷冻3小时以上，以便脱模。脱模。上桌前浇上无色的淋面，并用抹刀抹平，再放上几片干香蕉片作为装饰。

水果火焰山

Piton de la Fournaise

6盘

制备时间
40分钟

冷藏时间
10分钟

保存时间
24小时

工具
直径12厘米的圆形模具
塑料片
温度计

原料

百香果果冻
2个百香果
600克百香果汁
3克琼脂

水果沙拉
1个芒果
1/2个菠萝
1个猕猴桃
1个木瓜
1个火龙果
10个荔枝
3个百香果
几片迷你罗勒叶子

百香果果冻

将百香果切开，取出种子，保留果汁以制作沙拉。用清水清洗种子，去掉剩下的果肉。在平底锅中，将百香果汁与琼脂混合使其溶解并煮沸，加热30秒。冷却至50℃，将薄薄的一层混合物倒在塑料片上，在果冻完全凝固前撒上百香果种子。

水果沙拉

处理芒果（参见第56页）、菠萝（参见第28页）、猕猴桃、木瓜、火龙果和荔枝。去除果核。将果肉切成边长4毫米的方块。将水果果肉与百香果肉混合。

装盘步骤

在百香果果冻中切出直径为12厘米的圆片。在盘子上放上百香果果冻盘，将水果沙拉放在上面，摆放成拱形，然后盖上另一片果冻盘。用刀尖将顶部划出十字，露出水果。用迷你罗勒叶装饰。

荔枝圆环

L'harmonie au litchi

6盘

制备时间
3小时

烹饪时间
15分钟

冷冻时间
3小时

冷藏定型时间
4小时

冷藏时间
1小时30分钟

保存时间
24小时

工具
边长10厘米的方形模具
直径6.5厘米、高5厘米
的圆形模具
搅拌机
硅胶模具
外环直径8.5厘米、内环
直径5厘米、高1.8厘米
的圆环模具
裱花袋+直径为12毫米的
裱花嘴
擀面杖
硅胶垫
温度计
冰激凌机或雪葩机

原料

荔枝奶油
1.5克明胶片
100克荔枝果泥
15克蜂蜜
100克鸡蛋
20克蛋黄
50克黄油

榛子杏仁酥
57克面粉
1克海盐
14克糖粉
7克杏仁粉
7克榛子粉
27克黄油
15克鸡蛋

盐渍李子果冻
2克明胶片
90克水
90克盐渍李子（或梅干）
25克青柠檬汁
1克盐

香槟醋栗雪葩
100克葡萄糖
52克糖
2.5克稳定剂
220克红醋栗果泥
125克粉红香槟

装饰
1千克荔枝
125克醋栗
嫩芽若干

荔枝奶油

将明胶片浸泡在冷水中。将荔枝果泥和蜂蜜在锅中加热，加入搅拌好的鸡蛋和蛋黄，煮至82℃。当混合物降温至50℃时，加入浸泡好的明胶片，然后加入黄油。倒入环形模具中，放入冰箱冷藏3小时，以便脱模。也可以将其放在装有直径12毫米裱花嘴的裱花袋中，放入冰箱冷藏直至使用。

榛子杏仁酥

将所有干性配料混合搅拌，加入切块的黄油。用指尖揉捏混合物，直到制成均匀的砂质质地。在面团中间挖一个洞，打入鸡蛋。将面团由四周向中心揉和，制成均匀的面团。静置1小时。将面团擀成3毫米厚，用圆形模具切出直径为6.5厘米的圆饼，再在中心切出直径为5厘米的圆饼，制成圆环。将圆环放在硅胶垫上，放入预热至170℃的烤箱中，烘烤12分钟。

盐渍李子果冻

将明胶片浸泡在冷水中。煮沸后关火，加入李子，浸泡10分钟。搅拌，获得果泥。加入青柠檬汁和盐，煮沸。加入浸泡好的明胶片，然后倒入边长10厘米的方形模具中，放在铺有硅胶垫的盘子上。冷藏静置1小时。切成边长1厘米的方块。

香槟醋栗雪葩

混合糖和稳定剂，搅拌。在平底锅中，将红醋栗果泥和葡萄糖加热至40℃，加入混合物并加热至85℃。搅拌，放入冰箱冷藏。冷藏静置4小时以上。在放入冰激凌机前再次倒入香槟。按照设备说明书进行操作。

装盘步骤

在每个盘子上，挤上一圈荔枝奶油，然后在上面放一圈榛子杏仁酥。将荔枝去皮、去核并切成四块，然后将它们均匀地放在榛子杏仁酥上。制作三个雪葩球，点缀盐渍李子果冻、若干醋栗和嫩芽。

东方风味芒果

Mangue au pays du Levant

6人份

制备时间
1小时

烹饪时间
40分钟

冷藏定型时间
12小时

保存时间
24小时

工具
过滤器
直径3厘米的圆形模具
直径4厘米的圆形模具
直径6厘米的圆形模具
均质机
弯柄抹刀
硅胶垫
温度计
冰激凌机或雪葩机

原料

芒果雪葩
88克砂糖
115克水
12.5克柠檬汁
1.5克明胶粉
10克水
150克芒果果泥

椰香西米
600克椰奶
600克水
60克西米
200克脂肪含量为35%的液体奶油
1根香草荚

芒果冻
400克新鲜芒果
40克砂糖
3克NH果胶

装饰
2个新鲜芒果
40克金盏花

芒果雪葩

将糖和水在平底锅中熬煮，制成糖浆。煮沸后熄火，加入柠檬汁和浸泡好的明胶。静置冷却。糖浆冷却后，加入芒果果泥并放入均质机中搅拌。冷藏放置12小时。放入雪葩机制成芒果雪葩。铺成1厘米厚，放入冰箱冷冻30分钟。使用直径4厘米的圆形模具切出6个圆盘，使用直径3厘米的圆形模具切出6个圆盘。冷冻保存，直至使用。

椰香西米

将椰奶和水煮沸，倒入西米。小火加热35分钟。过滤后放入冰箱，冷藏冷却。分开香草荚，刮出香草籽。将香草籽放入奶油中，打发。用抹刀将奶油放入西米中，轻轻混合搅拌。将直径3厘米的圆形模具放在直径6厘米的圆形模具中，在两个模具之间倒入西米，压实，使其厚度为2厘米高。冷冻保存。在食用前20分钟放入冷藏保存。

芒果冻

将芒果切开（参见第56页）并切丁。在平底锅中，加热芒果丁和20克糖。加入剩余20克糖与果胶的混合物。煮沸。取出并冷藏保存。使用前混合搅拌。

装盘步骤

将芒果切成2毫米厚的片。取一个深盘，倒入一层芒果冻，再倒入一层椰香西米。将雪葩圆盘放在上面，然后放上芒果块。装饰几片金盏花花瓣。

柠檬草椰子方糕

Carré tout coco, infusion citronnelle

16人份

制备时间
2小时30分钟

烹饪时间
30分钟

冷藏定型时间
12小时

冷冻时间
2小时

保存时间
2天

工具
16个边长5厘米，高1.8
厘米的方形不锈钢模具
边长16厘米的方框模具
直径2厘米的圆形模具
过滤器
均质机
抹刀
烘焙喷砂机
温度计
冰激凌机或雪葩机

原料

椰子酥饼
30克T65面粉
22克黄油
15克椰蓉
10克粗红糖
1克发酵粉
1/4个青柠檬皮
5克蛋黄

椰子软饼干
40克鸡蛋
15克蛋黄
35克砂糖
0.4克精盐
50克椰蓉
15克杏仁粉
15克T65型面粉

0.8克发酵粉
36克黄油
30克蛋清
25克砂糖

柠檬草椰子冻
125克椰奶
1/4根柠檬草
1茶匙有机姜
1/4个青柠檬皮
10克砂糖
1.25克325NH95果胶
1.25克玉米淀粉
5克青柠檬汁

打发的椰子甘纳许
30克+60克脂肪含量为
35%的液体奶油
30克椰肉泥
0.75克明胶粉
5.25克水
24克可可含量为35%的
白巧克力
1.8克可可脂

白色糖膏
1.8克200B明胶片
180克全脂牛奶
50克脂肪含量为35%的
液体奶油
2.1克325NH95果胶
10克砂糖

白色喷绒
100克可可含量为35%
的白巧克力
60克可可脂

椰子雪葩
90克砂糖
75克蛋黄
2克冰激凌用稳定剂（自选）
300克椰奶
150克脂肪含量为35%
的液体奶油

椰子鲜奶油
200克椰子奶油
70克+180克脂肪含量为
35%的奶油
24克砂糖
1根香草荚
4克明胶粉
28克水

无色淋面
150克砂糖
5克NH果胶
150克水
12.5克38DE葡萄糖
2.5克柠檬酸或柠檬汁

装饰
椰蓉

椰子酥饼　将面粉和黄油揉和。加入干性配料，最后加入蛋黄。将混合物放入边长为16厘米的方框模具中。放在铺有烘焙纸的烤盘上，放入预热至160℃的烤箱中，烘烤5分钟。

椰子软饼干　搅拌所有鸡蛋、蛋黄、35克糖、盐、椰蓉和杏仁粉。加入面粉和发酵粉，然后加入融化的黄油。打发蛋清和剩下的糖，并放入之前的混合物中。将椰蓉面团放入预热至180℃的烤箱中，烘烤10分钟。降温后脱模。

柠檬草椰子冻　将椰奶与切碎的柠檬草和姜一起加热。加入柠檬皮屑，盖上保鲜膜并在冰箱中浸泡12小时。混合干性配料：糖、果胶和淀粉。将浸泡混合物过筛，并在平底锅中加热。加入干性配料、青柠檬汁并搅拌，继续加热至沸腾。倒入碗中，盖上保鲜膜并冷藏保存。

打发的椰子甘纳许　将30克奶油和椰肉泥加热，小火加热。离火，加入泡好的明胶，然后倒在白巧克力和可可脂上，制成甘纳许。倒入剩余的冷液体奶油。用均质机搅拌，盖上保鲜膜并冷藏6小时以上。

白色糖膏　浸泡明胶。加热奶油和牛奶。加入糖和果胶的混合物，煮沸。关火，加入浸泡好的明胶。用均质机搅拌混合物。加热至50℃，倒入喷绒枪中。

白色喷绒　将白巧克力与可可脂融化。如果没有烘焙喷砂机，可购买白色喷砂罐。制出白色绒面后冷藏保存。

椰子雪葩　打发糖、蛋黄和稳定剂。加热椰奶和奶油。加热至45℃，倒入蛋黄混合物，继续加热至82℃。倒入不锈钢碗中，盖上保鲜膜并冷藏12小时。将混合物放入雪葩机，填满16个边长5厘米的方形模具，并在冰箱中冷冻45分钟，直到完全凝固。方形雪葩成型后脱模，喷一层白色绒面并在冰箱中保存。

椰子鲜奶油　将椰子奶油、70克液体奶油、糖和香草籽小火熬煮。关火，加入泡好的明胶，然后加入180克冷奶油。混合搅拌。盖上保鲜膜并冷藏静置4小时。打发奶油，将其挤入16个边长5厘米的正方形模具中，放入冰箱冷冻。冷冻约1小时后，用曲奇模具在正方形中心切一个直径2厘米的孔，然后放回冰箱冷冻。将方块取出脱模。

无色淋面　将2汤匙糖与果胶混合。加热水、葡萄糖和剩余的糖，然后加入糖和果胶的混合物。煮沸后加热1分钟。加入柠檬酸溶液，再次煮沸。倒至容器中，盖上保鲜膜并冷却至室温。向混合物中加入相当于淋面总体积25%的水，然后加热至60℃。

椰子饼干摆盘方法　将饼干/酥饼切成16个边长4厘米、高1.5厘米的方块。用打蛋器打发甘纳许，在铺有烘焙纸的烤盘上抹上3毫米厚的甘纳许。在甘纳许上放16个边长5厘米、高1.8厘米的方形不锈钢模具。将烤盘在冰箱中冷冻约20分钟，在模具边缘划线切割，取出甘纳许方块，并使用刮刀将其弄平。将饼干放在甘纳许方块中间（将酥脆的一面朝上），用甘纳许均匀包裹饼干边缘，放入冰箱冷冻约30分钟。为顺利脱模，必须使甘纳许冻硬。脱模，并用喷绒枪涂上一层薄薄的无色釉，并立即撒上椰蓉。冷藏保存。

装盘步骤　取出冷冻的椰子酥饼，喷一层薄薄的白色糖膏。如果没有喷绒枪，可以直接在椰子酥饼上抹糖膏，静置冷却。在盘子里，撒上一些椰蓉。放上一块椰子饼干，在上面放一块旋转45度的椰子雪葩，最后放上一块同样旋转45度的椰子鲜奶油。用柠檬草椰子冻填充椰子鲜奶油的中心。

火龙果蛋糕

Gâteau pitaya

6人份

制备时间
3小时

烹饪时间
10分钟

冷藏时间
2小时

冷冻时间
3小时

保存时间
2天

工具
均质机
1个直径为14厘米的圆形模具
1个直径为16厘米、高4.5厘米的圆形模具
过滤器
塑料片
料理机
纱布
温度计

原料

白茶蛋奶冻
10克白茶
110克脂肪含量为35%液体奶油
30克蛋黄
50克鸡蛋
30克砂糖
2克明胶片
45克黄油

白茶果冻
125克水
2克白茶
5克蜂蜜
4克明胶片
1个红火龙果
1个白火龙果

杏仁海绵蛋糕
50克糖粉
50克杏仁粉
120克鸡蛋
55克蛋清
10克砂糖
20克火龙果肉
20克融化的黄油
28克面粉

瑞士蛋白酥
50克蛋清
100克砂糖

火龙果慕斯
165克火龙果汁
5克明胶片
40克瑞士蛋白酥（如上）
150克脂肪含量为35%的液体奶油

装饰
1个火龙果

白茶蛋奶冻

在平底锅中加热奶油，然后离火，将茶叶在热奶油中浸泡10分钟。筛去茶叶。称重，如液体不足110克，加入少许奶油。开始制作英式蛋奶冻。将蛋黄、全蛋和糖打发。在打发的鸡蛋上倒入少许奶油，搅拌均匀。将混合物倒回平底锅，用抹刀搅拌并煮至82℃。添加浸泡好的明胶片，让温度降至40℃。放入黄油，用均质机搅拌。将150克混合物倒入直径14厘米的圆形模具中，然后在冰箱中冷冻3小时。

白茶果冻

将水加热至85℃，关火，放入白茶浸泡6分钟。加入蜂蜜和浸泡好的明胶片，并再次加热。将混合物降温至20℃下备用。在直径16厘米的圆形模具中，紧贴内壁放置一条4.5厘米高的塑料片，然后放入冰箱冷冻。将火龙果去皮，切成约1厘米厚的薄片，然后切成任意几何形状（矩形或三角形）。将白茶果冻混合物倒入圆形模具中，形成薄薄的一层。待白茶果冻凝固后，铺上火龙果片。倒入白茶果冻混合物，以填充空隙。圆形模具内的混合物厚度不应超过1厘米。放入冰箱中冷藏，直至装盘使用。将剩余的火龙果榨汁，制成165克果汁，用于制作慕斯。保留20克火龙果果肉，用于制作杏仁海绵蛋糕。

杏仁海绵蛋糕

在装有打蛋器的料理机碗中，搅打糖粉、杏仁粉和鸡蛋。打发细砂糖和蛋清。轻轻搅拌两种混合物。加入红火龙果、融化的黄油和过筛的面粉。放在铺有烘焙纸的烤盘上，放入预热至180℃的烤箱中，烘烤8～10分钟。

瑞士蛋白酥

在料理机搅拌碗中，隔水加热蛋清和糖，在加热的同时用力搅拌以防止蛋清煮熟。将混合物加热到45～50℃。停止隔水加热。将碗放入装有打蛋器的料理机中，高速搅打混合物，直到获得致密的蛋白酥。

火龙果慕斯

加热50克火龙果汁以溶解明胶，然后加入剩余的果汁和瑞士蛋白酥，混合均匀。待其冷却降温至20℃，然后再加入奶油。

装盘步骤

将杏仁海绵蛋糕切成3.5厘米高，与直径16厘米圆形模具周长一致的蛋糕条。将蛋糕条放入装有白茶果冻的圆形模具中，紧贴内壁围成一圈。在蛋糕圈的中间位置倒入火龙果慕斯，然后放入白茶蛋奶冻。再倒一层慕斯至蛋糕圈顶部，放入100克新鲜火龙果块，最后盖上直径14厘米的白茶蛋奶冻底。放入冰箱，冷藏2小时以上。取出蛋糕后，将蛋糕翻转倒置，脱模。

主厨小窍门

- 这道甜点适宜与产自哥伦比亚安第斯山脉的白茶搭配。
- 制作过程中只会用到少量的瑞士蛋白酥，你可以将剩下的蛋白酥混合物做成蛋白小甜饼。放入预热至70℃的烤箱中烘烤两小时，与咖啡一起享用。

刺梨巧克力糖

Bonbons chocolat figue de barbarie

制作56颗糖

制备时间
1小时30分钟

巧克力凝固时间
20分钟

静置时间
20分钟

保存时间
可在密封盒中保存一周

工具
榨汁机
活塞漏斗
塑料片
直径5厘米的巧克力半球
模具
弯柄抹刀
刷子
无裱花嘴的裱花袋
三角抹刀
温度计

原料

巧克力外壳
500克66%黑巧克力
50克绿色可可脂

刺梨夹心
300克刺梨
175克砂糖
100克龙舌兰酒

巧克力外壳

在30℃下融化绿色可可脂。用刷子将其涂抹在模具内壁，用于制作漂亮的图案。静置几分钟，使可可脂凝固，然后再将巧克力倒在上面。将黑巧克力放入碗中隔水加热，在50℃下融化。融化后，将碗放在装满水和冰块的盆上。搅拌，降低巧克力的温度。当巧克力达到28~29℃时，将碗再次隔水加热，将温度升至31~32℃。将巧克力倒在半球模具中。将模具倒置，去掉多余的巧克力。使用抹刀刮擦模具表面，使模具边缘更干净。将模具倒置，在室温下凝固20分钟以上。

刺梨夹心

将刺梨去皮，然后放入榨汁机，以收集果汁。在平底锅中倒入80克果汁和糖。加热至130℃，加入龙舌兰酒，然后加入20克刺梨果汁。关火。将充分混合了龙舌兰酒的糖浆从一个碗倒入另一个碗中，来回交替，就像冷却茶水一样。将温度降至20℃左右，并使用活塞漏斗将巧克力外壳填充至三分之二。

装盘步骤

用弯柄抹刀在塑料片上抹一层薄薄的温热巧克力。将这张纸放到巧克力模具上以制成巧克力外壳。用三角抹刀刮掉塑料片上多余的巧克力。在糖果脱模之前，让其凝固约20分钟。

茶渍树番茄配抹茶奶油

Tamarillo poché au thé et crème matcha

4人份

制备时间
15分钟

烹饪时间
30分钟

冷藏时间
至少3小时

保存时间
2天

工具
筛子
纱网过滤器
均质机
小筛子

原料

浸渍糖浆
1000克水
200克砂糖
20克有机姜
12克青柠叶
2个香草荚
1个八角茴香
4袋红茶
4个树番茄

打发的抹茶奶油
1.25克明胶片
60克+60克脂肪含量为
35%的液体奶油
12克砂糖
1.6克抹茶粉
28克马斯卡彭奶酪

装饰
抹茶粉适量

浸渍糖浆

　　将除树番茄和茶包以外的所有配料放入平底锅并煮沸。离火，加入茶，浸泡5分钟。用筛子过滤得到糖浆，然后将糖浆放回平底锅中。洗净树番茄，在顶部划十字，然后将它们放入糖浆中。小火煮12～15分钟。将树番茄沥干，然后小心剥皮。用纱网过滤器过滤糖浆后，冷藏保存至使用。

打发的抹茶奶油

　　将明胶片浸泡在冷水中。在平底锅中将糖、抹茶粉与60克奶油一起煮沸。关火，加入浸泡好的明胶片。搅拌，明胶溶化后，倒在马斯卡彭奶酪上，并用均质机继续搅拌。加入剩余的冷奶油，搅拌。将抹茶奶油打发至顺滑。冷藏3小时以上。

装盘步骤

　　在盘子底部放入打发的抹茶鲜奶油。用筛子在半边的盘子上撒上抹茶粉，然后放上一整份树番茄。最后在水果上倒一点水煮糖浆。

山竹甜点——斯里兰卡蜜月

Mangoustan, lune de miel au Sri Lanka

6人份

制备时间
1小时30分钟

烹饪时间
1小时

冷藏时间
12小时

浸渍时间
12小时

保存时间
2天

工具
边长10厘米的方形模具
过滤器
直径3厘米的圆形模具
打蛋器
均质机
直径2厘米的迷你萨瓦兰
蛋糕模具
无裱花嘴的裱花袋
银杏叶模具(或其他形状)
搅拌机
弯柄抹刀
硅胶垫
温度计
冰激凌机或雪葩机

原料

山竹雪葩
23克明胶片
175克砂糖
230克水
25克柠檬汁
300克山竹汁

椰子雪葩
125克椰奶
20克转化糖
20克砂糖
4克葡萄糖
2克稳定剂
250克椰子酱

糖渍山竹
150克水
130克砂糖
1根香草荚
400克新鲜山竹

茶冻
7克明胶片
100克约80℃热水
10克红茶
1.5克琼脂
4克砂糖

山竹果冻
205克山竹汁
175克砂糖
3.5克黄色果胶
25克葡萄糖糖浆
4克黄柠檬汁

抹茶油酥
30克黄油
20克糖粉
1克盐
10克鸡蛋
10克杏仁粉
50克面粉
5克豆蔻粉
1茶匙斯里兰卡红茶

香草茶奶油
375克脂肪含量为35%
的液体奶油
1/2个香草荚
20克斯里兰卡红茶
42克明胶片
90克蛋黄
75克砂糖

腰果果仁糖
165克腰果
113克砂糖

香草粉
2根香草荚

装饰
腰果仁若干
迷你叶子若干
豆蔻碎若干

山竹雪葩

将明胶片浸泡在冷水中。将糖和水在平底锅中熬煮，制成糖浆。离火。加入柠檬汁，然后加入泡好的明胶片。冷却后冷藏保存。糖浆冷却后，加入山竹果汁并使用均质机搅拌。冷藏静置12小时。使用前放入雪葩机。

椰子雪葩

在平底锅中，加热椰奶和转化糖。加热至40℃，放入混合好的砂糖、葡萄糖和稳定剂。煮沸后加入椰子酱，混合均匀，冷藏静置12小时。使用前放入雪葩机。

糖渍山竹

用平底锅中将水、糖和香草煮沸，制成糖浆。在冰箱中冷藏。剥开山竹，取出果肉，将其浸入糖浆中，冷藏12小时以上。

茶冻

用冷水浸泡明胶。将茶叶在热水中浸泡10分钟。过滤并加热茶水。加入糖和琼脂的混合物。煮沸后关火，加入浸泡好的明胶。放入边长为10厘米的方形模具中。冷藏3个小时以上。切成边长1厘米的方块。

山竹果冻

在山竹汁中放入一半的糖，加热，加入另一半糖与果胶的混合物。煮沸，加入葡萄糖浆并煮至105.5℃。关火，加入柠檬汁。立即倒入迷你萨瓦兰蛋糕模具中，冷藏冷却约30分钟，以便轻松脱模。

抹茶油酥

搅拌黄油和糖粉至砂质，加入盐和鸡蛋后搅匀，加入面粉、杏仁粉和豆蔻粉，揉成面团，然后压扁一点，盖上保鲜膜，使用前冷藏30分钟。将面团擀成1.5厘米厚的面饼，并使用直径3厘米的圆形模具切出18个圆形面饼。轻轻撒上茶。将面团放在铺有硅胶垫的烤盘上，再盖上硅胶垫放入预热至170℃的烤箱中，烘烤7分钟。

香草茶奶油

分开香草荚，刮出香草籽。将加入香草籽和茶的奶油加热。关火，盖上盖子浸泡15分钟。将奶油过滤并加热。用冷水浸泡明胶。将糖和蛋黄打发。奶油煮沸后，一边将部分奶油倒在打发的蛋黄混合物上，一边搅拌使其均匀升温。将所有东西倒回平底锅中，在85℃下烹饪。关火，加入浸泡好的明胶。取出，盖上保鲜膜并冷藏1小时以上，直到使用。

腰果果仁糖

将腰果铺在衬有烘焙纸或硅胶垫的烤盘上，放入预热至140℃的烤箱中加热30分钟。在平底锅中，加热糖制成干焦糖，然后将其倒在烤腰果上。待其冷却后放入搅拌机中搅碎，制成质地均匀的混合物（参见第116页）。

香草粉

将两根香草荚磨碎，制成香草粉。

装盘步骤

使用叶形模具，将其放在盘子一侧并撒上香草粉。将所有元素和谐摆放，放上一个纺锤形山竹雪葩球和两个椰子雪葩球。

番石榴小蛋糕卷

Petits gâteaux roulés à la goyave

6人份

制作时间
1小时

制备时间
16分钟

浸泡时间
10分钟

冷藏时间
1小时

冷冻时间
1小时

巧克力凝固时间
15分钟

保存时间
2天

工具
漏斗
直径为5厘米的圆形模具
塑料片
均质机
直径3.5厘米、高1.75厘米的半球形模具
直径5.4厘米、高4.1厘米的水滴形硅胶模具
无裱花嘴的裱花袋
料理机
弯柄抹刀
硅胶垫
温度计
冰激凌机或雪葩机

原料

番石榴夹心
100克新鲜番石榴
30克砂糖
100克番石榴果泥
2克NH果胶

茶浸番石榴巴伐利亚蛋糕
225克番石榴果泥
15克砂糖
5克明胶粉
30克水
50克茶
157克脂肪含量为35%的液体奶油
45克常温蛋清
45克葡萄糖糖浆
22克转化糖

杏仁海绵蛋糕
135克糖粉
135克杏仁粉
180克鸡蛋
36克面粉
120克蛋清
18克砂糖
27克融化的黄油

芒果凝胶
100克去核新鲜芒果
100克芒果果泥
25克砂糖
2克NH果胶

番石榴淋面
500克番石榴果泥
60克砂糖
10克325NH95果胶
100克葡萄糖
2片金箔

粉色浸渍液
200克可可脂
200克白巧克力
少许天然红色色素粉

榛子糖片
45克黄油
70克T55面粉
15克糖粉
15克砂糖
15克烤榛子粉
12克鸡蛋

白巧克力片
100克白巧克力

装饰
1茶匙烤荞麦

番石榴夹心

将番石榴洗净、去皮并切成小块。放入5克糖，盖上保鲜膜，隔水小火加热1小时。过滤，然后向番石榴果泥中加入15克糖并加热。将果胶加入剩余的10克糖中，混合搅拌。将混合物倒入果泥中，煮沸。倒入半球形模具，冷冻1小时以上。

茶浸番石榴巴伐利亚蛋糕

将果泥和糖煮沸，加入浸泡好的明胶，搅拌后放入冰箱冷藏。将茶在冷奶油中浸泡10分钟。过滤并打发浸渍奶油。在装有打蛋器的料理机碗中打发蛋清。将葡萄糖浆和转化糖放入平底锅中，加热至120℃，然后一边搅拌一边慢慢倒在打发的蛋清上，制成质地更硬的蛋白酥。当蛋白酥的温度达到40℃时，将其与水果轻轻混合，最后加入打发的浸渍奶油，搅拌均匀，制成巴伐利亚奶油。注意三种混合物的温度必须大致相同。即刻用巴伐利亚奶油装满裱花袋。挤入水滴形模具中，确保末端没有气泡。涂一层番石榴夹心，涂上巴伐利亚奶油，并用抹刀抹平。冷冻1小时以上，以便脱模。

杏仁海绵蛋糕

在装有料理机中，放入鸡蛋、面粉、杏仁粉和糖粉，搅拌。同时，用打蛋器打发糖和蛋清的混合物。使用抹刀混合两种混合物并加入黄油，混匀。在硅胶垫上均匀涂抹混合物至5毫米厚，并放入预热至210℃的烤箱中，烘烤10分钟。

芒果凝胶

将芒果去皮并切成边长2毫米的小块。加热果泥、芒果块和15克糖的混合物。将果胶与剩余10克糖加入混合物中，煮沸。取出混合物并冷藏保存，直到使用。

番石榴淋面

将果泥、糖、果胶和葡萄糖的混合物煮沸。离火，加入金箔，然后使用均质机轻轻混合，注意不要产生气泡。务必在35℃的温度下使用淋面。从模具中取出巴伐利亚水滴形蛋糕，放在烤架上并浇上淋面。

粉色浸渍液

将可可脂和白巧克力隔水加热至融化。加入色素粉并拌匀。在30℃使用。

榛子糖片

将面粉、黄油、糖粉、细砂糖和冷却的烤榛子粉混合搅拌，制成砂质的混合物。加入鸡蛋，然后揉和面团。用保鲜膜包裹面团，冷藏保存约20分钟。将面团擀成2毫米厚的面饼，然后用圆形模具切出6个直径5厘米的圆片。将它们放在铺有硅胶垫的烤盘上，再盖上一层硅胶垫，放入预热至170℃的烤箱中，烘烤6分钟。

白巧克力片

融化白巧克力（参见第131页）。将融化的白巧克力倒在塑料片上，再盖上另一片塑料片。冷却后取下覆盖的塑料片，并切出直径为5厘米的圆片。冷藏15分钟使其凝固。

装盘步骤

在杏仁海绵蛋糕上涂抹一层芒果凝胶，卷成蛋糕卷。将蛋糕卷切成3厘米长的段，浸入粉色浸渍液中，使蛋糕卷露出浸渍液0.5厘米。取出后，在浸渍处撒上一些烤荞麦。将蛋糕卷放在榛子糖片上，在顶部盖上一片白巧克力片。将番石榴巴伐利亚蛋糕脱模，浸入番石榴淋面中，然后小心放置在白巧克力片上。

红毛丹糯米糍

Mochi au ramboutan

制作6个糯米糍

制备时间
1小时30分钟

烹饪时间
30分钟

冷藏时间
12小时

保存时间
可冷冻保存3个月

工具
剪刀
冰激凌勺
均质机
擀面杖
冰激凌机或雪葩机

原料

红毛丹雪葩
2克明胶片
87克糖
140克水
162克红毛丹果泥
25克红毛丹

糯米糍
55克糯米粉
16克玉米淀粉
18克糖粉
90克全脂牛奶
15克黄油

装饰
100克炒糯米粉
1茶匙树莓粉（自选）

红毛丹雪葩

将明胶片浸泡在冷水中。用平底锅将糖和水煮沸，制成糖浆。沥干明胶并将其溶化在糖浆中。将162克红毛丹去皮、去核并称重。将糖浆倒在果肉上并用均质机搅拌。冷藏静置12小时。再次搅拌，然后放入冰激凌机中。另取红毛丹果肉25克，切成1厘米的小方块，放入雪葩中。

糯米糍

混合糯米粉、淀粉、糖和牛奶，制成面团。将面团擀成面饼，蒸30分钟。取出后，趁热向面饼中加入黄油并混合均匀。用湿布盖住并尽快使用，以免干结。

装盘步骤

用冰激凌勺将红毛丹雪葩制成6个雪葩球。冷冻，使它们变硬。将糯米粉放在铺有烘焙纸的烤盘中，放入预热至160℃的烤箱中，烘烤10分钟。将糯米糍分成六个团，每个重25克。在案板上，撒上烤糯米粉，然后用擀面杖将糯米团擀成直径约10厘米的圆饼。用糯米糍饼包裹红毛丹雪葩球，然后用剪刀剪掉多余的部分，将封口处放在下面。撒上树莓粉。

主厨小窍门

可以按自己的意愿来选择雪葩口味。注意一定要提前充分冷冻好雪葩球，以防止它们融化太快。

腌制黄尾鱼配灯笼果、绿莎莎酱

Salsa verde aux physalis, gravlax de yellowtail

4人份

制备时间
1小时30分钟

烹饪时间
45分钟

冷藏时间
3小时30分钟

保存时间
24小时

工具
喷枪
纱网过滤器
纱布
搅拌机
切片器
刷子
吸管
无裱花嘴的裱花袋

原料

灯笼果绿莎莎酱
150克灯笼果
5克桉树蜜
20克米醋
40克白洋葱
1茶匙香菜
1茶匙青葱
1滴塔巴斯科辣椒油
精盐

浓香醋
45克白洋葱
15克橄榄油
150克灯笼果
2.5克蒜
8克米醋
4克桉树蜜
盐
胡椒

腌制黄尾鱼
300克粗盐
150克砂糖
1个青柠檬的皮
220克处理干净的黄尾鱼
20克味醂
5克酱油

调味黄瓜汁
250克黄瓜
30克红葱头
50克砂糖
125克米醋
1/4个八角
1/4个香芹
1汤匙香菜籽
1汤匙芥末籽
1茶匙白胡椒
1粒丁香
1片月桂叶
1根百里香
15克鱼露
1茶匙芝麻油
1茶匙茴香油
青柠檬汁和青柠檬皮
适量
少许黄原胶（自选）

紫苏芥末丸
200克葡萄籽油
1克明胶片
40克椰奶
5克柚子汁
10克清酒
5克绿紫苏
5克水
3克砂糖
0.02克黄原胶
5克芥末
0.5克琼脂

摆盘装饰
嫩叶若干
小嫩芽若干
水芹叶子若干

灯笼果绿莎莎酱

取出灯笼果并切成两半。在平底锅中，加热桉树蜜和醋。向锅中加入洋葱碎，然后加入灯笼果块。将一张烘焙纸剪成与平底锅一样直径的圆，在中央打一个小孔，然后放入锅中，不接触锅盖。盖上盖子，炖煮。将香菜切碎，青葱切片。留存备用。煮好后，放入调味料，放入冰箱冷藏。

浓香醋

将洋葱切碎并用橄榄油煎炸。加入切成两半的灯笼果、压碎的大蒜，盖上盖子用小火煮10分钟。放入搅拌机搅拌。加入醋和桉树蜜，加入盐和胡椒搅拌均匀。过滤，冷藏保存。

腌制黄尾鱼

将糖、盐和青柠檬皮混合搅拌。将混合物分成两份。将一半腌渍汁放在铺有烘焙纸的盘子上，放入黄尾鱼并倒入剩余的腌渍汁。冷藏2小时。冲洗黄尾鱼并用纸巾拍干。将味酥和酱油混合制成腌料，然后用刷子刷在黄尾鱼上。

调味黄瓜汁

将带皮的黄瓜用切片器切片，按压，挤出黄瓜汁。将黄瓜的果肉放入裱花袋中。冷藏保存。红葱头去皮，切成薄片。将红葱头薄片放入平底锅中，倒入糖和醋，加热5分钟。将所有干调味料倒入另一个平底锅中，倒入煮好的红葱头水。关火，浸渍1小时。加入黄瓜汁，然后将混合物过滤，向其中加入鱼露、少许青柠檬汁和一些柠檬皮。可按需要调整黄原胶的量。滴入芝麻油和茴香油。

紫苏芥末丸

提前一天将油倒入高细容器中，并放入冰箱冷藏。用少量冷水浸泡明胶。在搅拌机碗中，倒入椰奶、柚子汁、清酒和芥末。加入洗净并切碎的紫苏混合搅拌均匀。将水、糖、琼脂和黄原胶煮沸。关火，加入浸泡好的明胶。倒入搅拌机碗中，再搅拌一次。用纱布过滤并吸入滴管中。冷却至室温。一滴一滴地滴入低温的油中。冷却后取出紫苏芥末丸，用清水轻轻冲洗并在盘子上冷冻，注意避免紫苏芥末丸互相接触。

装盘步骤

用味酥和酱油的混合物为黄尾鱼浇汁。将鱼鲽用喷枪烧焦，切成1.5厘米厚的片。用绿莎莎酱搭配鱼。装饰点状的醋汁和黄瓜泥。最后加入黄瓜汁和紫苏芥末丸。放入水芹叶、小嫩芽和嫩叶。

清蒸牡蛎配石榴籽

Fines de claire juste pochées, vierge de grenade

5人份

制作时间
30分钟

制备时间
2分钟

静置时间
2小时

保存时间
12小时

工具
温度计

原料
5个洗净的牡蛎
10克青葱
橄榄油
粗盐
少许嫩芽

石榴籽
35克青苹果
100克麝香葡萄
1个石榴
10克枸杞
20克青柠檬汁
65克石榴汁
12克南瓜籽油
12克橄榄油
2克精盐
1克砂拉越胡椒粉

石榴籽

　　洗净苹果并切丁。洗净石榴并取出75克石榴籽。混合所有配料。用调味汁调味，冷藏腌制2小时以上。

牡蛎

　　将蒸汽烤箱预热至100℃，将牡蛎放在烤盘上，放入蒸汽烤箱蒸1分钟45秒取出。

　　打开牡蛎壳，取出牡蛎。再将牡蛎放回牡蛎壳上。将牡蛎和牡蛎壳里的汁放入平底锅中。保留5个牡蛎壳备用。小火加热平底锅至65℃，烫煮牡蛎。立刻降温并冷藏保存。

装盘步骤

　　将牡蛎壳洗净并晾干。将青葱切片，与石榴籽混合。

　　在牡蛎壳中放入少许调味汁。将牡蛎放在调味汁上。在盘中放上粗盐和制作好的牡蛎，滴上橄榄油并放入少许嫩芽装饰。

主厨小窍门

如果没有蒸汽烤箱，可以用传统方式打开牡蛎，并遵循常规的安全防护措施。

坚果和干果

果仁糖夹心榛果甘纳许球

Sphère noisette, ganache montée et praliné coulant

10人份

制备时间
50分钟

烹饪时间
20分钟

冷藏时间
24小时

冷冻时间
2小时

浸渍时间
24小时

保存时间
2天

工具
筛子
直径为6厘米的圆形模具
塑料片
直径为2厘米的半球形硅
胶模具
直径为4厘米的半球形硅
胶模具
直径为5.8厘米的半球形
硅胶模具
木扦
裱花袋
刨丝器
搅拌机
温度计
均质机
打蛋器

原料

糖粉奶油末
50克杏仁粉
榛子酱
40克粗红糖
40克软黄油
40克荞麦粉

法式果仁糖
140克新鲜榛子
28克砂糖
2.8克海盐
1/4根香草荚
100克可可脂

打发的榛果甘纳许
175克全脂牛奶
40克新鲜榛子
2.5克明胶粉
17.5克水
50克可可含量为55%的
白巧克力
220克脂肪含量为35%
的液体奶油
40克榛子酱
50克法式果仁糖

重制饼干
55克可可含量为66%的
巧克力
180克糖粉奶油末
35克千层酥

果仁糖奶油
1克明胶片
77.5克全脂牛奶
20克蛋黄
15克砂糖
7.5克玉米淀粉
30克黄油
50克法式果仁糖

装饰
20克新鲜榛子
25克可可脂
25克可可含量为40%的
黑巧克力
50克无色糖面
1片金箔

糖粉奶油末

混合所有配料，制成奶酥质地的混合物。在衬有烘焙纸的烤盘上将混合物切成小块，然后放入预热至170℃的烤箱烘烤10分钟。

法式果仁糖

将榛子铺在衬有烘焙纸的烤盘上，然后放入预热至150℃的烤箱烘烤20分钟。将香草荚分开，刮出香草籽。将糖和香草籽放在平底锅中，加热制成棕色的焦糖。倒在榛子上，静置冷却，使焦糖变硬。

将海盐和焦糖，放入搅拌机中粉碎。将其放入裱花袋中，然后在半球形模具中挤出10个直径为2厘米的小球。冷冻约2个小时。冻硬后脱模。隔水加热，融化可可脂。用木扦扎在冷冻的果仁糖球上，然后将糖球快速浸入可可脂中。等待几秒钟使可可脂凝固，然后移至盘子中并冷冻，直至装盘使用。

打发的榛果甘纳许

将烤过的榛子（参见果仁糖制作步骤）放入牛奶中，文火加热。离火，用均质机进行搅拌。冷藏浸泡24小时。过滤，保留125克浸泡用的牛奶。将牛奶加热至85℃。关火，向牛奶中加入浸泡好的明胶，搅拌至溶解。分三次将牛奶倒在巧克力上，然后用均质机搅拌。加入冷液体奶油，然后加入添加了果仁糖的榛子酱。搅拌，用保鲜膜包裹并冷藏静置4小时。

重制饼干

将巧克力隔水加热至融化。用切片机将糖粉奶油末磨细（注意不要磨得太细）。加入千层酥和融化的巧克力。将混合物放在塑料片上，再盖上一层塑料片，擀成7毫米厚，然后冷藏几分钟，使面团稍微变硬。用直径6厘米的圆形模具切出10个圆片。

果仁糖奶油

将明胶片浸泡在冷水中。在锅中加热牛奶。将蛋黄放入不锈钢碗中，加入糖和玉米淀粉，搅拌。一边搅拌，一边将牛奶倒在混合物上，然后将所有东西倒回平底锅中煮至沸腾。关火，加入浸泡好的明胶片，然后在降温至40℃时加入黄油和法式果仁糖，并用均质机搅拌。盖上保鲜膜，冷藏2小时。

装盘步骤

用刨丝器制作榛子碎。用打蛋器将榛果甘纳许搅打至变硬。隔水加热可可脂和黑巧克力。降温至45℃使用。将果仁糖奶油放入没有喷嘴的裱花袋中，并用奶油填充直径为4厘米的半球形模具至2/3处。在果仁糖奶油中心位置放一个法式果仁糖球。填充奶油至充满模具。将它们放在冰箱中冷冻，冻硬后脱模，然后重复该步骤，将冷冻过的奶油球与打发的甘纳许一起放入直径为5.8厘米的模具中。冷冻保存，冻硬后脱模。取出球体，插上木扦，将它们浸入可可脂和巧克力液中。取出后静置5分钟使巧克力凝固，然后用无色糖面轻轻地给球体上糖釉，并蘸上切碎的榛子。

将球体放在重制饼干盘上。取一些榛子皮，在每个球体的顶部放上三片，撒上一些金箔。

开心果甘纳许杏仁酱果仁糖

Bonbons à la pâte d'amandes, praliné, ganache à la pistache

制作130颗糖

制备时间
2小时

烹饪时间
20分钟

静置时间
4小时

保存时间
3天

工具
1个边长37厘米、高1厘米的方形框架模具
边长3厘米的方形饼干模具
塑料片
均质机
搅拌机
料理机
擀面杖
弯柄抹刀
温度计

原料

开心果杏仁膏
400克杏仁含量为50%的杏仁膏
80克开心果膏

开心果杏仁糖
33克杏仁
134克开心果
112克冰糖
9克奶粉
2克海盐
31克可可脂
28克牛奶巧克力

开心果巧克力甘纳许
310克脂肪含量为35%的液体奶油
55克转化糖
355克可可含量为66%牛奶巧克力
23克开心果杏仁膏（参见上文）
20克山梨糖醇液体
80克黄油

巧克力装饰
600克可可含量为66%的黑巧克力

开心果杏仁膏

在料理机碗中，将配料混合，直到获得质地均匀的混合物。用擀面杖将混合物擀成3毫米厚的一层，并按方框模具的尺寸切成方块形。保留23克开心果杏仁膏用于制作巧克力甘纳许。

开心果杏仁糖

将杏仁去皮（参见第30页），然后将它们放在铺有烘焙纸的烤盘上，放入预热至160℃的烤箱，烘烤10分钟。从烤箱中取出后，将开心果均匀摆放在烤盘中。在平底锅中放入冰糖，制作焦糖。当锅中的糖呈金黄色时，把焦糖倒在开心果和杏仁上。待其冷却，放入搅拌机中搅拌，直至达到制作果仁糖所需的浓稠度。加入奶粉和海盐，然后轻轻搅拌。在30℃的温度下融化可可脂与巧克力。将混合物加入开心果杏仁糖中，用抹刀搅拌。用弯柄抹刀在方框模具中的开心果杏仁膏上铺3毫米厚的一层。

开心果巧克力甘纳许

加热至35℃，融化奶油和转化糖。温度至35℃时，融化巧克力，然后加入开心果杏仁膏。用力搅拌均匀。将热奶油倒在融化的巧克力上，加入山梨糖醇、黄油，并使用均质机混合所有材料。

巧克力装饰

取出巧克力。将巧克力切成小块放入碗中，在50℃水温下将其水浴融化。巧克力融化后，将碗放在装满水和冰块的盆上。搅拌，以降低巧克力的温度。当温度降至28～29℃时，将碗放回锅中，将温度升至31～32℃。将巧克力倒在塑料片上，盖上另一片塑料片，用擀面杖擀成厚度为2毫米的薄片。用饼干模具切出边长3厘米的方块。

装盘步骤

制成边长为3厘米的方形糖果。为每块糖果放上方形巧克力片装饰。

可利颂杏仁饼

Calissons

制作约20份

制备时间
1小时

静置时间
72小时

保存时间
在密封罐可保存1周

工具
搅拌机
擀面杖
打蛋器

原料

杏仁饼
100克糖粉
125克杏仁粉
10克橙花水
60克糖渍橙子
15克糖渍柠檬
250克糖渍哈密瓜
1张边长20厘米的威化纸

皇家糖膏
150克糖粉
15克蛋清
2克柠檬汁

杏仁饼

将糖粉、杏仁粉和橙花水放入平底锅中，小火加热约10分钟，直至形成糊状。在搅拌机中，以最大速度将这种糊状物与所有蜜饯混合，制成光滑且非常黏稠的混合物。将混合物倒在威化纸上，用擀面杖擀成1厘米厚。在室温干燥处静置72小时。

皇家糖膏

用打蛋器将糖和蛋清混合搅拌制成皇家糖膏，然后加入柠檬汁。混合物的质地应呈奶油状，而不是流动的液体。

装盘步骤

在杏仁饼上涂上一层薄薄的皇家糖膏，静置1~2分钟，切勿时间太长，因为干燥的皇家糖膏会变硬。用蘸过热水的刀，将杏仁饼切成边长3厘米的方块。如杏仁饼内很黏，可在每次切块前先清洁刀具。

主厨小窍门

杏仁饼的面团很黏，制作时可以先在擀面杖上涂少许油。

核桃挞

Tartelettes aux noix

6人份

制备时间
1小时

烹饪时间
30分钟

冷藏时间
6小时

冷冻时间
3小时

保存时间
48小时

工具
过滤器
直径8厘米的圆形模具
6个直径7厘米、高1.5厘米圆形硅胶挞派模具套件
均质机
刷子
搅拌机
料理机
擀面杖
弯柄抹刀
筛子
硅胶垫
温度计
打蛋器

原料

咖啡核桃糖膏
77克黄油
38克糖粉
32克鸡蛋
1.5克盐
20克杏仁粉
20克核桃粉
38克+112克T55面粉
20克咖啡粉

核桃杏仁蛋糕
40克软黄油
40克核桃膏

50克杏仁粉
50克糖粉
45克蛋清
25克T55面粉
核桃油
足量的核桃碎

核桃咖啡果仁糖
34克磨碎的杏仁
135克核桃
20克砂糖
30克咖啡粉
5克海盐

咖啡轻慕斯
14克明胶片
8克咖啡粉
58克全脂牛奶
19克蛋黄
2克浓缩咖啡液
30克蛋清
13克砂糖
22克葡萄糖
117克脂肪含量为35%的液体奶油

咖啡糖面
150克葡萄糖糖浆
62克水
1/2根香草荚
150克砂糖
150克巧克力
100克无糖炼乳
5克浓缩咖啡液

核桃片
55克蛋清
45克糖粉
25克面粉
240克水
22克黄油
2克盐
适量核桃仁

咖啡核桃糖膏

向装有搅拌器的料理机碗中放入黄油和糖，再加入鸡蛋和盐。倒入杏仁粉、核桃粉和38克面粉。混合搅拌均匀，倒入剩余的面粉和咖啡粉并搅匀。在冰箱中冷藏30分钟。将面团擀成2.5毫米厚的面饼，用圆形模具切出6个直径为8厘米的圆片，然后将它们压入直径7厘米的圆形挞派模具中。在预热至180℃的烤箱中烘焙6分钟。

核桃杏仁蛋糕

向装有搅拌器的料理机碗中放入黄油和核桃膏。将杏仁粉和糖粉过筛，然后将它们放入混合物中。略打发蛋清，用打蛋器将蛋清一点一点加入混合物，然后用抹刀搅拌。加入面粉和核桃碎并混匀。在挞底倒入1厘米厚的混合物。放入预热至180℃的烤箱中，烘烤15分钟。出炉后，用刷子轻轻刷上核桃油。

核桃咖啡果仁糖

将核桃铺在衬有烘焙纸的烤盘上，然后放入预热至150℃的烤箱烘烤10分钟。在平底锅中加热糖，制成棕色的干焦糖。倒入干果和咖啡粉。冷却至室温，使其硬化。加入海盐，将混合物放入搅拌机中粉碎。

咖啡轻慕斯

用冷水浸泡明胶。在平底锅中用小火加热牛奶。离火，让咖啡粉在牛奶中浸泡15分钟，盖上锅盖。过滤，然后将调味牛奶重新加热。加热至85℃，一边用抹刀搅拌，一边加入打发的蛋黄。离火，放入浸泡好的明胶和浓缩咖啡混合均匀。放入冰箱冷却20分钟。将蛋清和细砂糖隔水加热至45℃，放入葡萄糖并用力搅打，制成蛋白酥混合物。将液体奶油打发，然后用抹刀将其轻轻拌入蛋白酥混合物中。

再用抹刀将蛋白酥加入之前冷藏的混合物中混匀。即刻倒入直径7厘米的硅胶模具中定型，然后冷冻3个小时以上。

咖啡糖面

分开香草荚，刮出香草籽。在平底锅中将葡萄糖糖浆、水与香草籽煮沸。在另一个平底锅中，用细砂糖制作干焦糖，然后倒入之前煮沸的混合物中。检查混合物是否已达到362克，如重量不够，可添加热水。将巧克力隔水加热至融化。将焦糖倒在炼乳和融化的巧克力上。加入浓缩咖啡。用均质机搅拌混合物，搅拌均匀后盖上保鲜膜，冷藏静置6小时。降温至30℃时，可使用糖面。

核桃片

将烤箱预热至170℃。向蛋清中放入糖粉和面粉，搅拌。在平底锅中将水、黄油和盐一起煮沸。将蛋清混合物倒入平底锅中，煮沸。用弯柄抹刀取出，在盖有硅胶垫的烤盘上铺薄薄一层。撒上核桃仁，放入预热过的烤箱中烘烤约10分钟。从烤箱中取出后，等待几分钟，然后切成块。

装盘步骤

在挞底的核桃杏仁蛋糕上，倒上果仁糖，至模具顶部。将咖啡糖面加热至适宜温度。将6个咖啡轻慕斯脱模。用木扦将冷冻慕斯从模具中取出，蘸上糖面。用抹刀刮下多余糖面，然后立即放在装有挞底的盘子上。小心取下木扦。在上面放一块核桃片和一块核桃仁。上桌前约1小时放入冷藏室解冻。

软焦糖山核桃布朗尼蛋糕

Brownie aux noix de pécan et caramel tendre

6人份

制备时间
20分钟

烹饪时间
20~25分钟

保存时间
2天

工具
边长16厘米的方形模具
均质机
无裱花嘴的裱花袋
筛子
硅胶垫
温度计

原料

软焦糖
25克38DE葡萄糖
25克砂糖
45克脂肪含量为35%的
液体奶油
10克黄油
0.5克海盐

焦糖山核桃
80克山核桃
15克水
50克砂糖
适量无色橄榄油

布朗尼蛋糕
65克+20克可可含量为
65%的巧克力
65克黄油
10克橄榄油
25克砂糖
25克红糖
75克鸡蛋
22.5克T65面粉
5克可可粉
1.5克发酵粉
35克杏仁粉
1克盐

软焦糖

用平底锅熬煮糖和葡萄糖，制成棕色的焦糖。在另一个平底锅中，小火加热奶油。将焦糖分几次倒入热奶油中，注意小心奶油溅出。用抹刀混合搅拌。煮沸后加热1分钟，离火。加入黄油和海盐，然后用均质机混合搅拌。在室温下放置约15分钟，然后放入裱花袋中。

焦糖山核桃

将山核桃铺在衬有烘焙纸或硅胶垫的烤盘上，放入预热至160℃的烤箱中加热15分钟。将水和糖用平底锅煮沸，加热1分钟，然后放入温热的山核桃。用抹刀混合搅拌，直到混合物呈砂状质感（参见第116页）。转小火加热，直至混合物呈金黄色。向混合物中倒几滴油，搅拌后倒在一张烘焙纸上，取出山核桃。用小刀切出50克山核桃碎用于制作山核仁布朗尼蛋糕，其余留作装饰。

布朗尼蛋糕

将65克巧克力与黄油块和橄榄油一起水浴加热。当温度升至50℃时，在不锈钢碗中打发糖和鸡蛋。筛入面粉、可可粉和发酵，然后加入杏仁粉和盐。将融化的巧克力与打发的鸡蛋混合搅拌，倒入过筛的粉末。加入焦糖山核桃碎和剩余20克巧克力块。将边长16厘米的方形模具放在铺有硅胶垫的烤盘上，撒上几颗焦糖山核桃，放入预热至160℃的烤箱中，烘烤20~25分钟。脱模并冷却至室温。用软焦糖在蛋糕上画出装饰线条，然后用刀将蛋糕切分成几份。

夏威夷果牛轧糖

Nougat aux noix de macadamia

制作32块牛轧糖

制备时间
30分钟

烹饪时间
15分钟

静置时间
24小时

保存时间
2个月

工具
2个边长16厘米，高4厘米的方框模具
锯齿刀
料理机
擀面杖

原料
500克夏威夷果果仁
135克水
400克砂糖
200克葡萄糖
500克蜂蜜
70克蛋清
4张威化纸

将夏威夷果果仁放在覆盖有烘焙纸的烤盘上，放入预热至170℃的烤箱中，烘烤7分钟。将烘烤过的夏威夷果果仁切成两半。

将水、糖和葡萄糖倒入平底锅中，加热至145℃。

向装有打蛋器的料理机碗中倒入蛋清，打发。

在另一个平底锅中加热蜂蜜，温度升至130℃时，倒在打发的蛋清上。

将加热的糖浆倒入混合物中，继续加热至145℃，离火并搅拌约5分钟，使温度降至70℃。在检查糖浆黏稠度时，可用手指取少量，如果不粘手，则说明质地适中。

将混合物放入带搅拌叶的料理机中，当混合物降温至60℃时，加入温热的烤夏威夷果仁。搅拌时间不宜太长，以免把果仁搅碎。

将威化纸放入模具中，倒入牛轧糖混合物，再盖上另一层威化纸。

将一张烘焙纸盖在牛轧糖混合物上，然后用擀面杖擀平，使牛轧糖混合物的表面光滑。

裁剪下威化纸露出模具的部分。

将牛轧糖混合物在干燥处静置24小时。用锯齿刀切出1厘米宽的牛轧糖条。

巴西坚果棒

Barre aux noix du Brésil

制作10~12条

制作时间
1小时30分钟

制备时间
1小时

冷藏时间
1晚

保存时间
3天

工具
边长20厘米的方形模具
挖球器
裱花袋+裱花嘴
均质机
搅拌机
切片机
温度计
木扦

原料

奶油酥饼
40克巴西坚果
50克砂糖
150克面粉
100克黄油
5克海盐

软焦糖
20克水
95克砂糖
75克葡萄糖
115克脂肪含量为35%
的液体奶油
55克炼乳
1根香草荚
150克黄油
1克海盐

巴西坚果果仁糖
10克糖
25克水
100克巴西坚果
50克杏仁

打发的甘纳许
1克明胶片
175克脂肪含量为35%
的液体奶油
55克牛奶巧克力
45克巴西坚果果仁碎

巧克力
500克可可含量为55%
的黑巧克力
5克原味橄榄油

奶油酥饼

用刀将巴西坚果压碎，放在铺有烘焙纸的烤盘上，在预热至160℃的烤箱中烘烤10分钟。在装有搅拌叶的搅拌机的碗中，混合糖、面粉、黄油和海盐。最后加入冷却的巴西坚果。将面团放入边长20厘米的方形模具中，并放入预热至170℃的烤箱中烘烤30～40分钟。

软焦糖

将水、糖和葡萄糖放入平底锅，加热至185℃，直至呈现浅焦糖色。倒入预先加热的奶油，重新煮沸混合物。分开香草荚，刮出香草籽。向混合物中加入香草籽、炼乳、黄油和海盐。用均质机进行搅拌。将焦糖倒在烤熟并冷却的奶油酥饼上。冷藏一晚。

巴西坚果果仁糖

将水和糖放入平底锅，煮至110℃，然后放入预先在烤箱160℃烘烤10分钟的果仁。在平底锅中搅拌，直到糖变稠并再次焦糖化。待其充分冷却，放入搅拌机中搅拌，直至获得果仁糖混合物。

打发的甘纳许

将明胶片浸泡在冷水中。将奶油倒入平底锅中，加热后放入浸泡好的明胶片。将巧克力和果仁碎放入碗中，倒入热奶油。用均质机搅拌，制成质地均匀的甘纳许。冷藏一晚。

巧克力

将切成小块的巧克力放入碗中隔水加热至50℃融化。巧克力融化后，将盆放在另一个装满水和冰的盆上。搅拌巧克力以降低温度。当巧克力达到28～29℃时，将碗再次水浴加热，将温度升至31～32℃。最后加入油。

装盘步骤

焦糖冷却后，切出3厘米×10厘米的奶油酥饼条。用2根木扞将奶油酥饼条蘸上温热的黑巧克力。静置10分钟使黑巧克力凝固。用打蛋器轻轻搅打甘纳许（确保它不会分层），然后用装有普通10号裱花嘴的裱花袋，将其挤在巧克力棒上。将一部分甘纳许球压扁，然后用巴西坚果果仁糖装饰。

主厨小窍门

注意不要将果仁糖搅拌太久以避免油脂分层。如果发生这种情况，请降低温度。将果仁糖冷藏静置几分钟，再重新搅拌。

腰果巧克力饼

Mendiants aux noix de cajou

制作6个巧克力饼

制备时间
15分钟

烹饪时间
10分钟

巧克力凝固时间
2小时

保存时间
4天

工具
6个直径为7厘米的圆形
模具
无裱花嘴的裱花袋
温度计

原料

焦糖果仁
50克砂糖
50克水
1/2个香草荚
66克腰果

巧克力
100克可可含量为64%
的黑巧克力

焦糖果仁

将水和糖放入平底锅中。分开香草荚，刮出香草籽。将腰果和香草籽放入锅中。加热12分钟，直至130℃，转小火，放入糖并搅拌。使用抹刀直到糖变黏稠。倒在烘焙纸上，向焦糖中放入果仁。将焦糖果仁分两次放入平底锅中，制成质地均匀的混合物。

巧克力

加热黑巧克力（参见第187页）。倒入裱花袋中。

装盘步骤

将一层薄薄的巧克力（约3~4毫米厚）挤入直径7厘米的圆形模具中。将焦糖果仁放在巧克力圆盘上，尽量完全覆盖巧克力。静置2小时以上，使巧克力变硬。脱模。

花生鸡腿

Cuisse de poulet aux cacahuètes

8人份

制备时间
30分钟

冷藏时间
1晚

烹饪时间
15分钟

保存时间
2天

工具
漏勺
烤盘
扦子
木扦

原料
5克白芝麻
40克花生
100克豌豆
1汤匙芝麻油
白胡椒
1片香蕉叶
适量花生碎
可食用花朵（自选）

腌渍汁
900克鸡腿
40克砂糖
20克酱油
150克蚝油
70克水
15克芝麻油
5克有机姜

腌渍汁

鸡腿去骨，尽可能保持原来的形状。在碗中将鸡腿与所有腌料和姜末一起放入冰箱中冷藏，腌制一夜。

次日

白芝麻撒在铺有烘焙纸的烤盘上，放入预热至150℃的烤箱中，烘烤15分钟。用刀将花生压碎，然后在平底锅中用中火煎成褐色。在平底锅中，将新鲜豌豆粒在沸腾的盐水中煮3～4分钟，然后放入加冰块的冷水中，以保持豌豆的口感。用漏勺捞出豌豆，然后用吸水纸吸干水分。单独取出鸡腿。保留剩余的腌料汁。在平底锅中加入少许橄榄油，将带皮的鸡腿用小火煎成褐色，然后放入180℃的烤箱中，烘烤约10分钟。烘烤结束后，将鸡腿放在烤架上，静置约30分钟。将鸡腿肉切成边长为2厘米的小方块。在平底锅中加入一汤匙芝麻油、白胡椒和剩余的腌料汁，放入鸡腿肉块并加热收汁。在扦子上串3～4个鸡腿块，制成迷你烤串。

装盘步骤

用香蕉叶制成篮子形，用木扦固定。在篮子中放鸡肉串、豌豆、花生碎和一些花朵。

栗子酱金字塔

Mont-Blanc en pyramide

6人份

制备时间
2小时30分钟

烹饪时间
2小时10分钟

冷藏时间
8小时

保存时间
2天

工具
边长15厘米的方形模具
卡纸
锯齿刀
打蛋器
均质机
弯柄抹刀
刷子
烘焙喷砂机
裱花袋+裱花嘴
筛子
硅胶垫
温度计

原料

蛋白酥
30克蛋清
20克砂糖
10克38DE葡萄糖
20克糖粉

栗子软饼干
100克栗子酱
50克融化的黄油
20克蛋黄
20g面粉
50克栗子粉
7克发酵粉
1克精盐
30克蛋清
20克砂糖

栗子慕斯
168克脂肪含量为35%
的液体奶油
37.5克栗子酱
75克栗子泥
10.5克水
1.3克明胶粉

糖渍黑醋栗
2克NH果胶
10克砂糖
200克黑醋栗果泥
20克柠檬汁

栗子酥饼
30克栗子粉
5克糖粉
3.5克面粉
0.4克精盐
17克黄油
6克鸡蛋

打发奶油
2克明胶片
55克+105克脂肪含量为
35%的奶油
1根香草荚
6克砂糖

巧克力喷绒
70克可可含量为40%的
巧克力
35克可可脂

装饰
180克可可含量为40%
的白巧克力
10个糖渍栗子
10克葡萄糖

蛋白酥

将蛋清、糖和葡萄糖隔水加热至55℃，然后将所有材料搅打在一起。打发后，放入筛过的糖粉，使混合物更硬。将涂过油的硅胶垫放在烤盘上，将混合物在硅胶垫上铺5毫米厚，然后放入预热至80℃的烤箱中烘烤1小时30分钟。置于干燥处保存。

栗子软饼干

将栗子酱与黄油混合。加入蛋黄，然后加入栗子粉、面粉、发酵粉和盐。打发蛋清，放入糖，然后将它们轻轻放到之前的混合物中。放入边长为15厘米的方框模具中。放入预热至165℃的烤箱中，烘烤25分钟。等饼干完全冷却后，用锯齿刀将其切成两半，然后切出3个边长为13厘米的三角形和另外3个边长为5厘米的三角形。

栗子慕斯

将42g奶油打发。用抹刀搅拌栗子酱、栗子泥和奶油。在10.5克冷水中加入明胶粉，然后将其倒入之前的栗子混合物中。最后分三次加入剩余的淡奶油。放入裱花袋冷藏保存，直至使用。

糖渍黑醋栗

混合糖和果胶，搅拌。黑醋栗果泥和柠檬汁混合，并加热至约45℃，加入糖和果胶的混合物并煮沸。冷却、搅拌或过筛后，放入裱花袋中。

栗子酥饼

在室温下将黄油、面粉、糖粉、栗子粉和盐揉和均匀。加入鸡蛋，轻轻搅拌，使混合物均匀。把面团揉成奶酥状。放在硅胶垫上，放入预热至160℃的烤箱中，烘烤15分钟。

打发奶油

用冷水浸泡明胶。分开香草荚，刮出香草籽。将加入香草籽和糖的55克奶油加热。关火，加入浸泡好的明胶。加入剩余的奶油，搅拌并冷藏6小时以上。将奶油搅打至浓稠。

巧克力喷绒

在平底锅中，将巧克力加热至45℃，融化巧克力脆皮和可可脂。降温至32℃，用于喷绒装饰。

金字塔蛋糕制作步骤

在卡纸上切出三个边长为14厘米的三角形。用胶水将它们黏在一起，制成金字塔模具。将白巧克力涂抹在顶端（参见第131页）并使用刷子在三角模具的内侧涂上薄薄的一层。静置几分钟使其凝固，然后涂上第二层。

装盘步骤

将金字塔模具倒置（指向下方），填入1厘米的栗子慕斯、少许酥饼、几块糖渍栗子、1厘米厚的栗子慕斯和一层薄薄的糖渍黑醋栗。放入一层新的栗子慕斯、一块边长5厘米的三角形软饼干、糖渍黑醋栗、蛋白酥、盖上一层慕斯，最后放上一大块三角形软饼干。将金字塔翻转过来，冷藏2小时。轻轻取下卡纸，然后使用喷枪将金字塔植绒，制成巧克力绒面。将几颗栗子碎蘸上葡萄糖，装饰在金字塔上。

橙花椰枣马卡龙

Macarons à la fleur d'oranger et datte

制作约25个马卡龙

制备时间
2小时

烹饪时间
15分钟

冷藏时间
1晚

保存时间
3天

工具
纸折角
图案模板
裱花袋+直径6毫米和
10毫米的裱花嘴
均质机
料理机
切片机
硅胶垫
温度计
打蛋器

原料

意式蛋白酥
50克水
200克砂糖
75克+75克蛋清
200克杏仁粉
200克糖粉

橙花馅料
63克砂糖
130克+45克脂肪含量为
35%的奶油
45克橙花水
2滴绿色食用色素
20克玉米淀粉
11克白巧克力
133克黄油

椰枣膏
200克椰枣
40克橙汁
20克杏仁

装饰
50克植物炭黑
4克40℃的白酒（例如朗
姆酒或樱桃酒）

主厨小窍门

不要用搅拌机搅拌椰枣泥，以免椰枣泥变
为白色。

意式蛋白酥

制作意式蛋白酥。在平底锅中，将水和细砂糖加热至117℃。同时，用料理机高速打发75克蛋清。糖浆煮沸后，将搅拌蛋清的速度降低到先前的四分之三，将其倒入料理机中。调回高速搅拌2分钟，然后继续减慢速度，直到温度降至50℃。同时混合杏仁粉和糖粉。将糖粉与杏仁粉的混合物倒入料理机中，常温搅拌以获得接近面粉的粉末。使用打蛋器将剩余的75克蛋清分三次放入混合物中。轻轻搅拌，制成质地黏稠的混合物，用配有直径10毫米裱花嘴的裱花袋将混合物挤到覆盖有硅胶垫的烤盘上。轻微摇晃烤盘，使杏仁蛋白酥表面光滑。在室温下放置约30分钟。放在另一个烤盘上，在150℃的烤箱中烘烤15～30分钟。

橙花馅料

将糖、130克奶油、橙花水和食用色素在平底锅中加热。加热至50℃时，放入剩余奶油和玉米淀粉的混合物。一边搅拌，一边将混合物煮沸。将混合物倒在白巧克力上，搅拌，制成甘纳许。静置冷却至40℃时，加入软化的黄油并用均质机搅拌。冷藏一晚。

椰枣膏

将椰枣去核。用叉子将椰枣肉与橙汁一起压碎，制成糊状，然后加入杏仁。

装饰

将植物炭黑与白酒混合，使其溶解。从烤箱中取出后，用图案模具将这种混合物涂在意式蛋白酥上。画出想要的图案。

装盘步骤

将橙花馅料放入装有直径6毫米裱花嘴的裱花袋中，在一块意式蛋白酥上挤一个圆环，然后将椰枣膏挤在中心位置，盖上另一块意式蛋白酥。将马卡龙冷藏2小时后品尝。

葡萄干面包

Pains aux raisins secs

制作12个葡萄干面包	原料
制备时间 3小时	**葡萄干卡仕达酱** 100克黑葡萄干 450克牛奶
烹饪时间 15分钟	100克蛋黄 70克糖 40克玉米淀粉 20克朗姆酒
静置时间 4小时	**牛角包面团** 6克盐
冷藏时间 3小时	35克糖 150克面粉 150克燕麦粉
冷冻时间 30分钟	12克鲜酵母 144克全脂牛奶 60克融化的黄油
发酵时间 2小时	150克包裹黄油
保存时间 24小时	**糖浆** 100克水 100克砂糖

工具
刷子
切片机
料理机
擀面杖
温度计

主厨小窍门

制作完成后，可以在面包上点缀朗姆酒渍葡萄干。

葡萄干卡仕达酱

　　将黑葡萄干放入热水中泡发。将它们沥干，与50克牛奶一起放入搅拌机中搅拌。在平底锅中倒入葡萄干混合物和剩余的牛奶，煮沸。打发蛋黄、糖和玉米淀粉。将一部分沸腾的牛奶倒入蛋黄混合物中。然后一边将蛋黄混合物倒回平底锅，一边用打蛋器用力搅拌，煮沸后继续加热1分钟。

　　倒入朗姆酒，放入冰箱冷藏，使混合物快速冷却。

牛角包面团

　　将酵母溶解在温牛奶和融化的黄油中。在装有和面钩的料理机碗中，放入盐、糖和面粉、燕麦粉，然后放入先前的酵母混合物。揉面团7~8分钟，直到面团质地略有弹性。在室温下静置30分钟。将面团切成20厘米×15厘米的长方形。用保鲜膜包裹并冷藏静置1小时。将包裹黄油切成10厘米×15厘米的长方形。将黄油放在面团上，折叠面团边缘进行封口。擀成40厘米长，15厘米宽的面饼，然后分成三部分，由两边向中间折叠。将面团转90度，收口向下放置。冷藏静置1小时。

　　再次擀平，分成四部分，将两端向中心折叠，再对折。冷藏静置1小时。将面团擀成5毫米厚、边长40厘米的正方形，用保鲜膜包裹并冷藏30分钟。

糖浆

　　将水和糖在平底锅中煮沸。

装盘步骤

　　取250克葡萄卡仕达酱，涂抹在长方形面团上。在面团顶部预留2厘米不涂抹酱料。从涂抹酱料的一端卷起面团，直至顶部未涂酱料处。用少量水沾湿未涂抹酱料的面团，将面包封口。然后用保鲜膜将葡萄干面包面团包住。放入冰箱冷藏30分钟，取出后切成3.5厘米厚的薄片。在28℃的烤箱（或在烤箱中放置一碗水）中发酵约2小时。然后在预热至160℃的烤箱中烘烤约15分钟。从烤箱中取出，刷上糖浆。

血橙李子鮟鱇鱼塔吉锅

Tajine de lotte aux pruneaux, bouillon d'orange sanguine

4人份

制作时间
20分钟

制备时间
2小时15分钟

保存时间
2天

工具
刷子
小刀
塔吉锅

原料
140克胡萝卜
220克马铃薯
6个迷你胡萝卜
6个迷你芜菁
70克有机茴香
120克洋葱
5克蒜
15克橄榄油
2克姜碎
1克肉桂粉
0.5克四川花椒
1.5克姜黄
1克孜然
700克血橙汁
400克鮟鱇鱼
120克去核李子
适量新鲜香菜
适量新鲜杏仁片
适量辣椒丝

洗净蔬菜。

将胡萝卜和马铃薯洗净去皮。将胡萝卜切段然后纵向分成两半或四份。

将马铃薯切成约5厘米长的条。

将迷你胡萝卜和迷你芜菁洗净。将茴香切成2厘米的块。

将大蒜和洋葱去皮。对半切开，切碎。在炒锅中，用少许橄榄油将洋葱炒熟，然后放入大蒜。放入姜碎、茴香、肉桂粉、花椒、姜黄和孜然。

小火加热，然后加入血橙汁。继续加热1小时。可按需要调整调料配方。

加入准备好的蔬菜，盖上锅盖加热。约1小时。煮至变软。

将蔬菜从汤中取出，放入盘中，盖上保鲜膜，常温保存直至使用。

将鮟鱇鱼切块，放入热汤中，加入去核李子，关火。将蒸汽烤箱预热至100℃，加热8分钟。也可盖上盖子放入传统烤箱中，加热10分钟。

加热结束时，即刻将鮟鱇鱼从肉汤中取出，以免煮过火。

装盘步骤

将蔬菜摆在塔吉锅的底部。加入鮟鱇鱼和去核李子。倒入高汤。盖上锅盖，放入预热至100℃的烤箱。上桌前，点缀一些新鲜的杏仁片、香菜和辣椒丝。

无花果干露营饼干

Sablés de randonnée à la figue séchée

6人份

制作时间
1小时

冷藏时间
30分钟

制备时间
12分钟

保存时间
5天

工具
6个直径6厘米，高1.5厘米的圆形模具
均质机
带裱花嘴的裱花袋
搅拌机
料理机
弯柄抹刀
硅胶垫

原料

布列塔尼饼干
247克软黄油
210克砂糖
20克椰枣糖蜜
127克蛋黄
353克T45型面粉
14克发酵粉
3克海盐
8克黄柠檬皮
30克糖渍柠檬
30克南瓜籽
150克无花果干

南瓜籽果仁糖
34克杏仁（请参阅第50页）
135克南瓜籽
112克砂糖
1根香草荚
3克海盐

无花果焦糖
70克砂糖
70克葡萄糖糖浆
60克脂肪含量为35%的液体奶油
50克无花果果泥
32克黄油
2克海盐

装饰
无花果干若干

布列塔尼饼干

　　向装有搅拌器的料理机碗中放入黄油、砂糖和椰枣糖蜜。加入蛋黄，搅拌。放入面粉、发酵粉、海盐和黄柠檬皮。搅拌，直至制成质地均匀的混合物。将糖渍柠檬切成边长2毫米的丁，将南瓜籽搅碎，将干无花果切条，放入混合物中，慢速搅拌均匀。静置冷藏30分钟。取出擀成1.5厘米厚的面饼，用直径6厘米的圆形模具切开，放在铺有硅胶垫的烤盘上。放入预热至170℃的烤箱中，烘烤12分钟。

南瓜籽果仁糖

　　将杏仁和南瓜籽铺在烤盘上，盖上烘焙纸，放入预热至150℃的烤箱中，烘烤10分钟。在平底锅中放入糖，中火加热制成干焦糖。倒在干果上，静置冷却。将焦糖果仁放入搅拌机中。将香草荚分开，刮出香草籽，和海盐一起放入搅拌机，搅拌。

无花果焦糖

　　将砂糖和葡萄糖糖浆倒入平底锅中，制成焦糖。在另一个平底锅中倒入奶油、无花果果泥和焦糖，然后倒入黄油和海盐，搅拌。加热至109℃，盖上保鲜膜，静置冷却。

装盘步骤

　　将饼干脱模，在饼干上点缀南瓜籽果仁糖、无花果焦糖和几片干无花果。

杏干蛋糕

Cake aux abricots secs

6人份

制备时间
1小时

烹饪时间
40分钟

保存时间
5天

工具
打蛋器
刷子
搅拌机
16厘米×8厘米的蛋糕
模具
裱花袋+直径10毫米和
12毫米的裱花嘴
抹刀
筛子

原料

杏干果酱
50克水
43克杏干
70克杏子泥

蛋糕面糊
134克鸡蛋
134克砂糖
134克软黄油
50克面粉
22克布丁粉
2克发酵粉
91克杏仁粉
56克杏干果酱
40克杏干

达克瓦兹杏仁蛋糕面糊
100克蛋清
62克砂糖
99克杏仁粉
37克糖粉
20克面粉

装饰
20克杏仁片
30克杏子淋面
糖渍杏仁若干
黄油少许

杏干果酱

将杏干放入水中，在微波炉中加热1分钟。将果泥与沥干的杏子在搅拌机中混合搅拌。冷藏保存，直至使用。

蛋糕面糊

在室温下打发鸡蛋和糖的混合物。加入黄油并搅拌均匀。混合所有干配料，然后倒入前述的混合物中。加入果酱和杏干丁。冷藏保存，直至使用。

达克瓦兹杏仁蛋糕面糊

打发放入砂糖的蛋清。将所有粉末一起过筛，倒在搅打过的蛋清上，同时用抹刀搅拌均匀。放入装有直径12毫米裱花嘴的裱花袋中。

装盘步骤

在蛋糕模具内涂抹黄油，轻轻将杏仁片贴在模具的侧面和底部。静置冷冻10分钟或静置冷藏20分钟。将达克瓦兹杏仁蛋糕面糊挤在模具的底部和侧面，然后将蛋糕面糊倒在中间。放入预热至180℃的烤箱中，烘烤4分钟。将烤架放在模具上，在烤架上盖上烘焙纸。重新放回预热至160℃的烤箱，烘烤30分钟，将蛋糕脱模，冷却至室温后，切成几块。用杏子淋面涂抹蛋糕的顶部和侧面。用装有直径10毫米裱花嘴的裱花袋，将杏干果酱挤在蛋糕上，然后点缀几片糖渍杏仁。

安茹白奶酪蛋糕配枸杞

Crémet d'Anjou aux baies de goji

4人份

制备时间
30分钟

烹饪时间

静置时间
3小时以上

冷藏时间
12小时

保存时间
2天

工具
均质机
4个直径6厘米的半球形
模具或4个罐子

原料

安茹奶油
100克脂肪含量为35%
的液体奶油
7.5克砂糖
1根香草荚

浸渍枸杞
70克枸杞
90克鲜橙汁

装饰
20克烤芝麻
少许嫩芽

安茹奶油

分开香草荚，刮出香草籽。将糖和香草籽放入奶油中，打发。放入之前的混合物中搅拌。将安茹奶油放入半球模具中，填满模具并密封保存。静置3小时以上，放入冰箱冷藏保存。

浸渍枸杞

提前一晚将枸杞泡在橙汁中冷藏。如果枸杞吸水膨胀，可再加入少许橙汁。

装盘步骤

在碗中放入3汤匙枸杞。轻轻放入安茹奶油，撒上烤芝麻，放几片嫩芽。

附录

小知识

明胶

明胶是一种无色无味的食品添加剂，可以来源于动物，也可以来源于植物。通常呈片状或粉末状，均需要在冷水中泡软，再溶解在温热的液体中。需注意的是，如果温度太高，会使明胶失去黏性。明胶可以使混合物的质地更均一，常用于为酱汁增稠、使奶油形状坚挺或令冰激凌更稳定。

明胶的凝冻强度以冻力（单位：bloom g）表示。数值越高，凝冻强度越大。

黄金品质=200 bloom g
白银品质=180 bloom g
青铜品质=160 bloom g

明胶片

一片明胶片通常重2克。使用时，要将明胶片浸泡在大量冷水中（明胶片只会吸收所需的水）至少20～30分钟，浸泡12小时更佳。将浸泡好的明胶片溶解在温热液体中之前，请务必将其沥干。

明胶粉

明胶粉必须泡在7倍于其体积的冷水中，用1小时溶解。即10克明胶粉，必须用70克水溶解。将制成80克的明胶。

糖度

糖度可用折光仪来测量。折光仪可以用于测量溶液中溶解性物质含量（主要是蔗糖）。例如，用于测量果酱、果冻、榅桲果泥或果糖浆的糖度。在制作时，需考虑：

· 水果的天然含糖量
· 糖的添加量
· 烹饪过程中的水分损失

制作果酱

在测定水果的糖分含量时，只需在制作前将一滴果汁或一小块果肉放在折光仪上即可。水果的含糖量一般低于20%。例如：

· 草莓：8%～10%
· 葡萄：15%～20%
· 苹果：12%～17%
· 樱桃：12%～17%
· 桃子：10%～15%

在加糖前，该数值具有重要的参考价值。在市场上出售的大多数果泥中，添加的糖分含量高达10%。

法国的法规要求果酱中包含35%以上的水果（浓缩果酱为45%），并且制品中必须至少含有55%的糖（果糖和添加糖）。但总的来说，我们通常令含糖量达到60%～65%，这样有助于良好保存。

我们通常按水果质量的10%来计算制作果酱中的总可溶性固体物质含量

例如由1000克水果和1000克糖制成的果酱
  − 水果的干性提取物：
    1000克×0.1=100克
  − 制作前的净含量：
    900克水果干性提取物之外的物质+1000克糖+100克水果干性提取物=2000克
  − 干性提取物百分比：
    1100克÷2000克=0.55，即55°Bx（白利糖度）

在烹饪过程中，部分水分会蒸发，从而使果酱中的糖分浓度增加。不同水果的质量损失为20%～30%。

水分损失取决于果酱的烹饪时间和方法。添加的糖越少，要达到烹饪所需的糖度水平所需的时间就越长，这样有利于实现良好保存。然而，由于果酱中含有酶，烹饪时间越长，果酱凝固得越黏稠。

果酱的pH应该在3.5左右。添加柠檬汁（或酒石酸）有助于果胶发挥作用。酸还会降低果酱的甜味。

您可以在技术部分找到以下配方的详细内容。
· 草莓果酱：55～62°Bx
· 橙子果酱：63°Bx
· 榅桲果酱：70°Bx
· 杏子百香果软糖：76～78°Bx